項目	学習日 月／日	問題番号&チェック	メモ	検印
29	／	85　86　87		
30	／	88　89　90		
31	／	91　92		
32	／	93　94　95　96		
33	／	97　98　99　100		
34	／	101　102　103		
35	／	104　105　106		
36	／	107　108　109		
37	／	110　111		
38	／	112　113		
39	／	114　115		
40	／	116　117　118　119		
41	／	120　121		
42	／	122　123		
43	／	124　125　126		
44	／	127　128		
45	／	129　130		
46	／	131　132　133		
47	／	134　135		
48	／	136　137		
49	／	138　139		

学習記録表の使い方

● 「学習日」の欄には，学習した日付を記入しましょう。
● 「問題番号&チェック」の欄には，以下の基準を参考に，問題番号に○，△，×をつけましょう。
　　　○：正解した，理解できた
　　　△：正解したが自信がない
　　　×：間違えた，よくわからなかった
● 「メモ」の欄には，間違えたところや疑問に思ったことなどを書いておきましょう。復習のときは，ここに書いたことに気をつけながら学習しましょう。
● 「検印」の欄は，先生の検印欄としてご利用いただけます。

この問題集で学習するみなさんへ

　本書は，教科書「新編数学Ⅰ」に内容や配列を合わせてつくられた問題集です。教科書と同程度の問題を選んでいるので，本書にある問題を反復練習することによって，基礎力を養い学力の定着をはかることができます。

　学習項目は，教科書の配列をもとに内容を細かく分けています。また，各項目は以下のような見開き2ページで構成されています。

基本的で重要な問題を例としてとり上げ，模範解答もつけました。例を解く上で大切なポイントや，補足説明なども入れています。

二次元コードを読み取ると，解答をわかりやすく説明した動画を見ることができます。

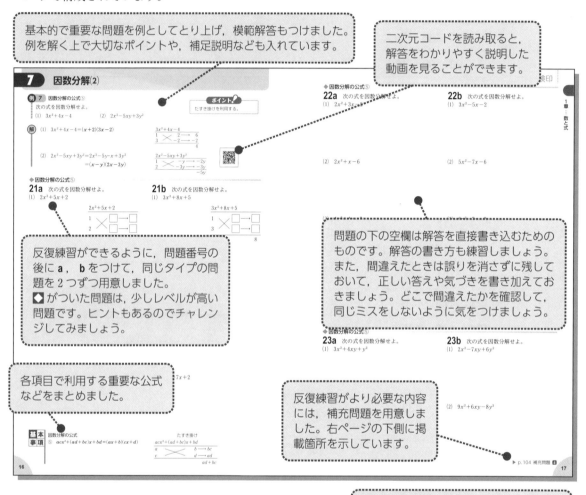

反復練習ができるように，問題番号の後に a，b をつけて，同じタイプの問題を2つずつ用意しました。
◆ がついた問題は，少しレベルが高い問題です。ヒントもあるのでチャレンジしてみましょう。

問題の下の空欄は解答を直接書き込むためのものです。解答の書き方も練習しましょう。また，間違えたときは誤りを消さずに残しておいて，正しい答えや気づきを書き加えておきましょう。どこで間違えたかを確認して，同じミスをしないように気をつけましょう。

各項目で利用する重要な公式などをまとめました。

反復練習がより必要な内容には，補充問題を用意しました。右ページの下側に掲載箇所を示しています。

既習事項が復習できる Web アプリを，一部の項目に用意しました。

　巻末には略解があるので，自分で答え合わせができます。詳しい解答は別冊で扱っています。

　また，巻頭にある「学習記録表」に学習の結果を記録して，見直しのときに利用しましょう。間違えたところや苦手なところを重点的に学習すれば，効率よく弱点を補うことができます。

◆学習支援サイト「プラスウェブ」のご案内

　本書に掲載した二次元コードのコンテンツをパソコンで見る場合は，以下の URL からアクセスできます。

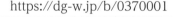

https://dg-w.jp/b/0370001

注意　コンテンツの利用に際しては，一般に，通信料が発生します。
　　　先生や保護者の方の指示にしたがって利用してください。

もくじ_____contents

問題総数　343題

ウォーミングアップ 5題，　　例 49題，
問題 a，b 各139題，　　補充問題 11題

計算のきまりを
確認しよう

◆ 正の数，負の数の加法と減法

1 次の計算をせよ。

(1) $-11+6$

(2) $-4+(-9)$

(3) $0-(-2)$

(4) $-5-(-10)$

(5) $-10-9+7$

(6) $1-(-8)-6$

2 次の計算をせよ。

(1) $\dfrac{1}{7}-\dfrac{3}{7}$

(2) $-\dfrac{5}{8}+\dfrac{7}{8}$

(3) $\dfrac{1}{2}+\dfrac{1}{4}$

(4) $\dfrac{3}{2}+\left(-\dfrac{1}{5}\right)$

(5) $3-\left(-\dfrac{2}{5}\right)$

(6) $\dfrac{1}{6}-\dfrac{5}{14}$

(7) $\dfrac{3}{4}-\dfrac{1}{5}+\dfrac{1}{4}$

(8) $-\dfrac{5}{6}+\dfrac{3}{2}-3+\dfrac{1}{3}$

◆ 正の数，負の数の乗法

3 次の計算をせよ。

(1) $(-10)\times4$

(2) $(-5)\times(-3)$

(3) $0\times(-12)$

(4) $\dfrac{5}{6}\times3$

(5) $\dfrac{2}{3}\times\left(-\dfrac{4}{5}\right)$

(6) $-\dfrac{2}{3}\times\left(-\dfrac{9}{4}\right)$

(7) -3^3

(8) $(-3)^3$

(9) $(-3)^4$

◆ 正の数，負の数の除法

4 次の計算をせよ。

(1) $32 \div (-8)$

(2) $(-7) \div (-1)$

(3) $0 \div (-15)$

(4) $2 \div \dfrac{5}{3}$

(5) $\dfrac{1}{3} \div \left(-\dfrac{7}{6}\right)$

(6) $-\dfrac{4}{5} \div \left(-\dfrac{8}{25}\right)$

(7) $-12 \div (-3) \times 8$

(8) $-\dfrac{3}{5} \div \left(-\dfrac{4}{5}\right) \div \left(-\dfrac{1}{2}\right)$

◆ 四則の混じった計算

5 次の計算をせよ。

(1) $1 \times (-5) - (-3) \times 2$

(2) $8 \times 3 - (-12 + 7) \times 2$

(3) $3^2 - 4 \times 2 \times (-1)$

(4) $3 \times (-2)^2 - 4 \times (-2) - 2$

(5) $\{1 - (5-8)^2\} \times 2$

(6) $3 + \{4 - 5 \times (2-4)\}$

(7) $\dfrac{4}{5} \times \left(-\dfrac{1}{3}\right) - \dfrac{1}{5} \div (-3)$

(8) $12 \times \left(-\dfrac{1}{6} + \dfrac{3}{2}\right)$

例 1 整式の整理

整式 $4x-1+5x^2-x-3x^2+2$ を降べきの順に整理せよ。

解

$\underline{4x-1+5x^2-x-3x^2+2}$

$=\underline{(5x^2-3x^2)+(4x-x)+(-1+2)}$ $\}$ 次数の高い項から順に並べる。 同類項をまとめる。

$=(5-3)x^2+(4-1)x+1$

$=\mathbf{2x^2+3x+1}$

◆ **文字を含む式の表し方**

1a 次の式を，文字を含む式の表し方の決まりにしたがって書け。

(1) $x \times z$

(2) $4 \times a \times a \times a$

(3) $x \div 7$

(4) $b \times 3 \times a \times a$

1b 次の式を，文字を含む式の表し方の決まりにしたがって書け。

(1) $a \times (-2)$

(2) $x \times x \times x \times x$

(3) $(a+b) \div 3$

(4) $x \times y \times (-1) \times y$

◆ **単項式の次数と係数**

2a 次の単項式について，[ ]内の文字に着目したときの次数と係数を答えよ。

(1) $7x^2y^4$ $[y]$

(2) $-a^3b$ $[b]$

2b 次の単項式について，[ ]内の文字に着目したときの次数と係数を答えよ。

(1) $-3x^5y^3$ $[x]$

(2) a^2bc $[b]$

基本事項

(1) **文字を含む式の表し方**

① 乗法記号×は省いて書く。　　　② 文字と数の積では，数を文字の前に書く。

③ 同じ文字の積は2乗，3乗などの形で表す。　④ 除法記号÷は使わず，分数の形で書く。

（注意）　文字と文字の積はアルファベット順に書くことが多い。

(2) **整式の整理**

・整式 $\left\{\begin{array}{l}\text{単項式}\cdots\text{いくつかの文字や数の積として表される式。掛けている文字の個数を}\textbf{次数}\text{，数の部分を}\textbf{係} \\ \qquad\textbf{数}\text{という。} \\ \text{多項式}\cdots\text{いくつかの単項式の和として表される式。各単項式をこの多項式の}\textbf{項}\text{といい，着目した文} \\ \qquad\text{字の部分が同じである項を}\textbf{同類項}\text{という。}\end{array}\right.$

・整式の同類項をまとめ，次数の高い項から順に並べることを**降べきの順**に整理するという。

　同類項をまとめた整式において，各項の次数のうち最も高いものを，その整式の**次数**といい，着目した文字を含まない項を**定数項**という。

◆ 整式の整理

3a 次の整式を降べきの順に整理せよ。

(1) $3x+2+2x-4$

(2) $2x^2+x-1+x^2-2x+3$

(3) $2x^2-1-3x+x^2-5x$

3b 次の整式を降べきの順に整理せよ。

(1) $-x-3+4x+5$

(2) $-x^2-2x+3+x^2+4x-6$

(3) $3x^2+2+5x-6x-4x^2$

◆ 整式の次数と定数項

4a 整式 $x^2+3xy+y-x-6$ について，x に着目したときの次数と定数項を答えよ。また，y に着目したときの次数と定数項を答えよ。

4b 整式 $x^2+4xy+y^2+x-3y-3$ について，x に着目したときの次数と定数項を答えよ。また，y に着目したときの次数と定数項を答えよ。

2 定数倍された整式の加法・減法

$A=2x^2-x+1,\ B=x^2+3x-2$ のとき，次の式を計算せよ。

(1) $A-B$ (2) $4A-3B$

解 (1) $A-B=(2x^2-x+1)-(x^2+3x-2)$ $\left.\begin{array}{c} \\ \\ \end{array}\right\}$ $-(\ )$ のときは，符号を変える。

$\qquad =2x^2-x+1-x^2-3x+2$ $\left.\right\}$ 同類項をまとめる。

$\qquad =(2x^2-x^2)+(-x-3x)+(1+2)$

$\qquad =\boldsymbol{x^2-4x+3}$

(2) $4A-3B=4(2x^2-x+1)-3(x^2+3x-2)$ $\left.\begin{array}{c} \\ \\ \end{array}\right\}$ $(\ )$ をはずす。

$\qquad =8x^2-4x+4-3x^2-9x+6$ $\left.\begin{array}{c} \\ \\ \end{array}\right\}$ 同類項を まとめる。

$\qquad =(8x^2-3x^2)+(-4x-9x)+(4+6)$

$\qquad =\boldsymbol{5x^2-13x+10}$

◆ 整式の加法・減法

5a 次の整式 A，B について，和 $A+B$ と 差 $A-B$ を計算せよ。

(1) $A=x^2-2x+3,\ B=3x^2-4x+5$

5b 次の整式 A，B について，和 $A+B$ と 差 $A-B$ を計算せよ。

(1) $A=2x^2+5x-4,\ B=4x^2-x-3$

(2) $A=-x^2-3x+6,\ B=2x^2+x-4$

(2) $A=x^2-5x-3,\ B=-3x^2+5x-7$

6a 次の整式 A, B について，$A+2B$ と $3A-B$ を計算せよ。

(1) $A=x^2-6x+4$, $B=x^2+2x-7$

6b 次の整式 A, B について，$-A+3B$ と $2A-3B$ を計算せよ。

(1) $A=x^2+2x-1$, $B=x^2-3x+2$

(2) $A=2x^2+x+2$, $B=-x^2+2x+1$

(2) $A=-x^2+5x-3$, $B=2x^2-x-6$

例 3 多項式どうしの積

$(2x-3)(x^2+2x+3)$ を展開せよ。

解 $(2x-3)(x^2+2x+3)$

$=2x(x^2+2x+3)-3(x^2+2x+3)$

$=2x^3+4x^2+6x-3x^2-6x-9$

$=\boldsymbol{2x^3+x^2-9}$

$\leftarrow x^2+2x+3=A$ とおくと
$(2x-3)A=2x\cdot A-3\cdot A$

$\overset{\frown}{(2x-3)A}$

◆ 指数法則

7a 指数法則を利用して，次の計算をせよ。

(1) $a^2\times a^4$

(2) $(a^2)^4$

(3) $(ab)^5$

7b 指数法則を利用して，次の計算をせよ。

(1) $a^5\times a^3$

(2) $(a^3)^5$

(3) $(a^2b)^3$

◆ 単項式どうしの積

8a 次の式を計算せよ。

(1) $3x\times 5x^2$

(2) $2x^3\times(-3x^2)$

(3) $(-2x^4)^2$

8b 次の式を計算せよ。

(1) $2x^2\times 3x^3$

(2) $(-4x^3)\times(-x)$

(3) $(-x^3)^3$

基本事項

(1) 指数法則

m, n を正の整数とする。

① $a^m\times a^n=a^{m+n}$ 　　② $(a^m)^n=a^{mn}$ 　　③ $(ab)^n=a^nb^n$

(2) 分配法則

① $A(B+C)=AB+AC$ 　　② $(A+B)C=AC+BC$

◆ 単項式と多項式の積

9a 次の式を展開せよ。

(1) $2x(x-3)$

(2) $3x(x^2-2x+3)$

(3) $(2x^2-3x+5)\times 3x$

9b 次の式を展開せよ。

(1) $3x^2(-x+2)$

(2) $-x^2(x^2+3x-4)$

(3) $(6x^2-3x+2)\times(-2x)$

◆ 多項式どうしの積

10a 次の式を展開せよ。

(1) $(x+3)(2x+1)$

(2) $(4x-5)(2x+1)$

(3) $(x-2)(x^2-3x+1)$

10b 次の式を展開せよ。

(1) $(3x+1)(x-2)$

(2) $(3x-1)(2x-3)$

(3) $(x^2-2x-2)(2x+1)$

4 乗法公式の利用(1)

例 4 乗法公式①～③

次の式を展開せよ。

(1) $(x+3y)^2$　　(2) $(3x-4y)^2$　　(3) $(x+3y)(x-3y)$

ポイント！
式の形や符号に着目して，どの公式を利用するかを考える。

解

(1) $(x+3y)^2 = x^2 + 2\cdot x\cdot 3y + (3y)^2$　←乗法公式①
$= x^2 + 6xy + 9y^2$

(2) $(3x-4y)^2 = (3x)^2 - 2\cdot 3x\cdot 4y + (4y)^2$　←乗法公式②
$= 9x^2 - 24xy + 16y^2$

(3) $(x+3y)(x-3y) = x^2 - (3y)^2$　←乗法公式③
$= x^2 - 9y^2$

◆ 乗法公式①

11a 次の式を展開せよ。

(1) $(x+4)^2$

(2) $(5x+1)^2$

(3) $(2x+3y)^2$

11b 次の式を展開せよ。

(1) $(x+1)^2$

(2) $(4x+3)^2$

(3) $(3x+y)^2$

基本事項 乗法公式
① $(a+b)^2 = a^2 + 2ab + b^2$　　② $(a-b)^2 = a^2 - 2ab + b^2$　　③ $(a+b)(a-b) = a^2 - b^2$

◆ 乗法公式②

12a 次の式を展開せよ。

(1) $(x-3)^2$

(2) $(2x-1)^2$

(3) $(x-4y)^2$

12b 次の式を展開せよ。

(1) $(x-5)^2$

(2) $(3x-2)^2$

(3) $(3x-5y)^2$

◆ 乗法公式③

13a 次の式を展開せよ。

(1) $(x+1)(x-1)$

(2) $(2x+3)(2x-3)$

(3) $(5x+y)(5x-y)$

13b 次の式を展開せよ。

(1) $(x+6)(x-6)$

(2) $(3x-1)(3x+1)$

(3) $(3x-4y)(3x+4y)$

▶ p.102 補充問題 **1**

例 5 乗法公式④, ⑤

次の式を展開せよ。

(1) $(x-3)(x+2)$　　　(2) $(x+y)(x+2y)$

(3) $(3x+1)(4x-3)$　　(4) $(2x-3y)(5x+2y)$

ポイント！

符号に注意して，正確に公式にあてはめる。

解

(1) $(x-3)(x+2)=x^2+\{(-3)+2\}x+(-3)\cdot 2$　　←乗法公式④
$$=x^2-x-6$$

(2) $(x+y)(x+2y)=x^2+(y+2y)x+y\cdot 2y$　　←乗法公式④
$$=x^2+3xy+2y^2$$

(3) $(3x+1)(4x-3)=(3\cdot 4)x^2+\{3\cdot(-3)+1\cdot 4\}x+1\cdot(-3)$　　←乗法公式⑤
$$=12x^2-5x-3$$

(4) $(2x-3y)(5x+2y)=(2\cdot 5)x^2+\{2\cdot 2y+(-3y)\cdot 5\}x+(-3y)\cdot 2y$　　←乗法公式⑤
$$=10x^2-11xy-6y^2$$

◆ 乗法公式④

14a 次の式を展開せよ。

(1) $(x+4)(x+3)$

(2) $(x-1)(x+5)$

(3) $(x+2y)(x-5y)$

(4) $(x-4y)(x-2y)$

14b 次の式を展開せよ。

(1) $(x+2)(x-7)$

(2) $(x-6)(x-2)$

(3) $(x+3y)(x+y)$

(4) $(x-7y)(x+3y)$

基本事項 乗法公式

④ $(x+a)(x+b)=x^2+(a+b)x+ab$

⑤ $(ax+b)(cx+d)=acx^2+(ad+bc)x+bd$

$(x+a)(x+b)=x^2+bx+ax+ab$
$$=x^2+(a+b)x+ab$$

$(ax+b)(cx+d)=acx^2+adx+bcx+bd$
$$=acx^2+(ad+bc)x+bd$$

15a 次の式を展開せよ。

(1) $(2x+1)(x+1)$

(2) $(2x+3)(3x-4)$

(3) $(x-3)(2x-5)$

(4) $(2x+3y)(4x+5y)$

(5) $(3x-4y)(x+y)$

(6) $(3x-y)(x-2y)$

15b 次の式を展開せよ。

(1) $(5x+3)(x+6)$

(2) $(4x-1)(2x+3)$

(3) $(3x-2)(4x-3)$

(4) $(3x+5y)(2x+y)$

(5) $(4x+y)(5x-y)$

(6) $(2x-3y)(3x-4y)$

▶ p.102 補充問題 **2**

例 6 因数分解

次の式を因数分解せよ。

(1) $2x^2 - 4xy$　　　　(2) $x^2 + 12x + 36$

(3) $x^2 - 16y^2$　　　　(4) $x^2 - 2x - 8$

ポイント！

(1) 共通な因数をくくり出す。
(2)～(4) 因数分解の公式にあてはめる。

解

(1) $2x^2 - 4xy = 2x \cdot x - 2x \cdot 2y = \boldsymbol{2x(x-2y)}$　　←共通な因数 $2x$ をくくり出す。

(2) $x^2 + 12x + 36 = x^2 + 2 \cdot x \cdot 6 + 6^2 = \boldsymbol{(x+6)^2}$　　←因数分解の公式①

(3) $x^2 - 16y^2 = x^2 - (4y)^2 = \boldsymbol{(x+4y)(x-4y)}$　　←因数分解の公式③

(4) $x^2 - 2x - 8 = \boldsymbol{(x+2)(x-4)}$　　←積が -8, 和が -2 となる2つの数は2と -4

◆ **共通因数のくくり出し**

16a 次の式を因数分解せよ。

(1) $ac - 3bc + 2abc$

(2) $4x^2 + 2xy$

(3) $(a+2)x + (a+2)y$

16b 次の式を因数分解せよ。

(1) $2x^2 - x$

(2) $2a^2b - ab^2 + 3ab$

(3) $(a-1)x - 3(a-1)$

◆ **因数分解の公式①，②**

17a 次の式を因数分解せよ。

(1) $x^2 + 10x + 25$

(2) $4x^2 - 20x + 25$

(3) $9x^2 + 12xy + 4y^2$

17b 次の式を因数分解せよ。

(1) $x^2 + 14x + 49$

(2) $4x^2 - 12x + 9$

(3) $16x^2 - 24xy + 9y^2$

基本事項 因数分解の公式

① $a^2 + 2ab + b^2 = (a+b)^2$　　② $a^2 - 2ab + b^2 = (a-b)^2$

③ $a^2 - b^2 = (a+b)(a-b)$　　④ $x^2 + (a+b)x + ab = (x+a)(x+b)$

因数分解 $\left(\begin{array}{c} a^2+2ab+b^2 \\ (a+b)^2 \end{array} \right)$ 展開

◆ 因数分解の公式③

18a 次の式を因数分解せよ。

(1) x^2-36

(2) $4x^2-9y^2$

18b 次の式を因数分解せよ。

(1) x^2-100

(2) $16x^2-25y^2$

◆ 因数分解の公式④

19a 次の式を因数分解せよ。

(1) x^2+3x+2

(2) x^2-4x+3

(3) x^2+x-6

(4) $x^2-3x-10$

19b 次の式を因数分解せよ。

(1) x^2+7x+6

(2) $x^2-7x+10$

(3) $x^2+2x-15$

(4) x^2-x-12

◆ 因数分解の公式④

20a 次の式を因数分解せよ。

(1) $x^2+5xy+6y^2$

(2) $x^2+2xy-8y^2$

20b 次の式を因数分解せよ。

(1) $x^2-8xy+12y^2$

(2) $x^2-3xy-18y^2$

例 7 因数分解の公式⑤

次の式を因数分解せよ。

(1) $3x^2+4x-4$ (2) $2x^2-5xy+3y^2$

ポイント
たすき掛けを利用する。

解 (1) $3x^2+4x-4=(x+2)(3x-2)$

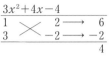

(2) $2x^2-5xy+3y^2=2x^2-5y\cdot x+3y^2$

$\qquad\qquad\qquad =(x-y)(2x-3y)$

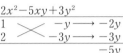

◆ **因数分解の公式⑤**

21a 次の式を因数分解せよ。

(1) $2x^2+5x+2$

$$
\begin{array}{c}
2x^2+5x+2 \\ \hline
1 \quad\times\quad \square \longrightarrow \square \\
2 \qquad\quad \square \longrightarrow \square \\ \hline
 5
\end{array}
$$

(2) $3x^2-5x+2$

(3) $2x^2+7x+6$

(4) $4x^2-8x+3$

21b 次の式を因数分解せよ。

(1) $3x^2+8x+5$

$$
\begin{array}{c}
3x^2+8x+5 \\ \hline
1 \quad\times\quad \square \longrightarrow \square \\
3 \qquad\quad \square \longrightarrow \square \\ \hline
 8
\end{array}
$$

(2) $5x^2-11x+2$

(3) $3x^2+13x+12$

(4) $6x^2-7x+2$

 基本事項 因数分解の公式
⑤ $acx^2+(ad+bc)x+bd=(ax+b)(cx+d)$

たすき掛け
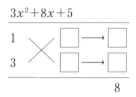

$$
\begin{array}{l}
acx^2+(ad+bc)x+bd \\ \hline
a \qquad\qquad b \longrightarrow bc \\
\quad\times \\
c \qquad\qquad d \longrightarrow ad \\ \hline
 ad+bc
\end{array}
$$

◆ 因数分解の公式⑤

22a 次の式を因数分解せよ。

(1) $2x^2+3x-2$

(2) $2x^2+x-6$

(3) $4x^2+4x-3$

(4) $6x^2-x-12$

22b 次の式を因数分解せよ。

(1) $3x^2-5x-2$

(2) $5x^2-7x-6$

(3) $6x^2-7x-3$

(4) $9x^2+9x-10$

◆ 因数分解の公式⑤

23a 次の式を因数分解せよ。

(1) $3x^2+4xy+y^2$

(2) $6x^2+7xy-3y^2$

23b 次の式を因数分解せよ。

(1) $2x^2-7xy+6y^2$

(2) $9x^2+6xy-8y^2$

例 8 おきかえの利用

(1) $(a+b-3)(a+b-4)$ を展開せよ。

(2) $(x+y)^2+3(x+y)-10$ を因数分解せよ。

解 (1) $a+b=A$ とおくと

$$(a+b-3)(a+b-4)=(A-3)(A-4)$$
$$=A^2-7A+12$$
$$=(a+b)^2-7(a+b)+12$$
$$=\boldsymbol{a^2+2ab+b^2-7a-7b+12}$$

　乗法公式④

　A を $a+b$ に戻す。

　さらに式を展開する。

(2) $x+y=A$ とおくと

$$(x+y)^2+3(x+y)-10=A^2+3A-10$$
$$=(A+5)(A-2)$$
$$=\boldsymbol{(x+y+5)(x+y-2)}$$

　因数分解の公式④

　A を $x+y$ に戻す。

◆ **おきかえによる式の展開**

24a 次の式を展開せよ。

(1) $(a+b+2)(a+b-3)$

(2) $(a+b+2)(a+b-2)$

24b 次の式を展開せよ。

(1) $(a-b-1)(a-b-2)$

(2) $(a-b+3)(a-b-3)$

◆ **おきかえによる式の展開**

25a $(a+b+1)^2$ を展開せよ。

25b $(a+b-c)^2$ を展開せよ。

◆ 因数分解の工夫（共通因数のくくり出し）

26a 次の式を因数分解せよ。

(1) $(a-3)x+3-a$

(2) $(a-b)x+(b-a)y$

26b 次の式を因数分解せよ。

(1) $(a-2)x-3(2-a)$

(2) $2a(x-3)-b(3-x)$

◆ おきかえによる因数分解

27a 次の式を因数分解せよ。

(1) $(x+y)^2+3(x+y)+2$

(2) $(2x+y)^2-16$

27b 次の式を因数分解せよ。

(1) $(x-y)^2+4(x-y)+4$

(2) $3(x+y)^2+7(x+y)+4$

例 9　整式の次数に着目する因数分解

次の式を因数分解せよ。

(1)　$xy-x+y^2-1$

(2)　$x^2+2xy+y^2+5x+5y+4$

(1)　最も次数の低い文字に着目して
整理する。

(2)　1つの文字に着目して整理する。

解　(1)　$xy-x+y^2-1$

$\quad = (y-1)x+y^2-1$

$\quad = (y-1)x+(y+1)(y-1)$

$\quad = \boldsymbol{(y-1)(x+y+1)}$

← x については1次式，y については2次式

← 次数の低い x について整理する。

← 共通な因数 $y-1$ でくくる。

(2)　$x^2+2xy+y^2+5x+5y+4$

$\quad = x^2+(2y+5)x+(y^2+5y+4)$

$\quad = x^2+(2y+5)x+(y+1)(y+4)$

$\quad = \{x+(y+1)\}\{x+(y+4)\}$

$\quad = \boldsymbol{(x+y+1)(x+y+4)}$

← x についても，y についても2次式

← x について整理する。
（y について整理してもよい。）

$$\begin{array}{ccc} 1 & y+1 \longrightarrow & y+1 \\ 1 & y+4 \longrightarrow & y+4 \\ \hline & & 2y+5 \end{array}$$

◆ **次数の低い文字に着目する因数分解**

28a　次の式を因数分解せよ。

(1)　$x^2+xy-2y-4$

28b　次の式を因数分解せよ。

(1)　a^2b+a^2-b-1

(2)　$a^2-c^2+ab+bc$

(2)　$x^2+4xy+4y^2+zx+2yz$

◆次数が同じときの因数分解

29a 次の式を因数分解せよ。

(1) $x^2+(3y-4)x+(2y-3)(y-1)$

(2) $x^2+3xy+2y^2+x+3y-2$

(3) $x^2+xy-2y^2-3x-3y+2$

29b 次の式を因数分解せよ。

(1) $x^2-(2y+1)x-(3y+2)(y+1)$

(2) $x^2-3xy+2y^2-2x+y-3$

(3) $x^2-2xy-3y^2+3x-y+2$

例 10 循環小数，絶対値

(1) 分数 $\dfrac{5}{33}$ を小数に直し，循環小数の表し方で書け。

(2) 循環小数 $0.\dot{7}$ を分数の形で表せ。

(3) $|\sqrt{5}-3|$ の値を求めよ。

ポイント！

(1) 循環する部分が出るまで割り算をする。

(3) 絶対値の中の数の符号を調べる。

解 (1) $\dfrac{5}{33}=0.1515\cdots\cdots=0.\dot{1}\dot{5}$

←循環節の始まりと終わりの数字の上に・をつける。

(2) $x=0.\dot{7}$ とおくと，
右の計算から $9x=7$

よって $x=\dfrac{7}{9}$ すなわち $0.\dot{7}=\dfrac{7}{9}$

$$\begin{array}{r} 10x=7.7777\cdots \\ -)\quad x=0.7777\cdots \\ \hline 9x=7 \end{array}$$

←循環節を消去するため，$0.\dot{7}$ を10倍したものを考える。

(3) $\sqrt{5}-3<0$ であるから
$|\sqrt{5}-3|=-(\sqrt{5}-3)=3-\sqrt{5}$

←$\sqrt{5}<\sqrt{3^2}$

←$a<0$ のとき $|a|=-a$

◆ 循環小数

30a 次の分数を小数に直し，循環小数の表し方で書け。

(1) $\dfrac{1}{9}$

(2) $\dfrac{2}{11}$

30b 次の分数を小数に直し，循環小数の表し方で書け。

(1) $\dfrac{1}{6}$

(2) $\dfrac{8}{27}$

基本事項 実数の絶対値

$a\geqq0$ のとき $|a|=a$ $a<0$ のとき $|a|=-a$

◆ 循環小数を分数で表す

31a 次の循環小数を分数の形で表せ。

(1) $0.\dot{8}$

(2) $0.\dot{2}\dot{3}$

31b 次の循環小数を分数の形で表せ。

(1) $0.\dot{6}$

(2) $0.\dot{7}\dot{2}$

◆ 絶対値

32a 次の値を求めよ。

(1) $|6|$

(2) $|-1|$

(3) $|\sqrt{7}-3|$

(4) $|-5|+|3|$

32b 次の値を求めよ。

(1) $|4|$

(2) $|-7|$

(3) $|\pi-4|$

(4) $|-2|-|-6|$

例 11 平方根の積と商

(1) 次の式を計算せよ。

① $\sqrt{5} \times \sqrt{6}$　　② $\dfrac{\sqrt{21}}{\sqrt{3}}$

(2) $\sqrt{75}$ の $\sqrt{}$ の中をできるだけ小さい整数の形にせよ。

ポイント!

(2) 素因数分解して考える。

解 (1) ① $\sqrt{5} \times \sqrt{6} = \sqrt{5 \times 6} = \sqrt{30}$

② $\dfrac{\sqrt{21}}{\sqrt{3}} = \sqrt{\dfrac{21}{3}} = \sqrt{7}$

(2) $\sqrt{75} = \sqrt{3 \times 5 \times 5} = \sqrt{5^2 \times 3} = \mathbf{5\sqrt{3}}$

$$\begin{array}{r} 3\,)\,\underline{75} \\ 5\,)\,\underline{25} \\ 5 \end{array}$$

◆ 平方根

33a 次の数の平方根を求めよ。

(1) 2

(2) 16

33b 次の数の平方根を求めよ。

(1) 5

(2) 49

◆ 平方根

34a 次の値を求めよ。

(1) $(\sqrt{3})^2$

(2) $(-\sqrt{5})^2$

34b 次の値を求めよ。

(1) $(\sqrt{7})^2$

(2) $(-\sqrt{10})^2$

基本事項

(1) 平方根の定義

2乗して a になる数を a の平方根という。

正の数 a の平方根は，正と負の2つあって，正の方を $\sqrt{a}$，負の方を $-\sqrt{a}$ で表す。

(2) 平方根の性質

① $a \geqq 0$ のとき　　$\sqrt{a^2} = a$, $(\sqrt{a})^2 = a$, $(-\sqrt{a})^2 = a$

② $a > 0$, $b > 0$ のとき　　$\sqrt{a}\sqrt{b} = \sqrt{ab}$, $\dfrac{\sqrt{a}}{\sqrt{b}} = \sqrt{\dfrac{a}{b}}$

③ $k > 0$, $a > 0$ のとき　　$\sqrt{k^2 a} = k\sqrt{a}$

◆ 平方根の積と商

35a 次の式を計算せよ。

(1) $\sqrt{3} \times \sqrt{5}$

(2) $\dfrac{\sqrt{6}}{\sqrt{2}}$

35b 次の式を計算せよ。

(1) $\sqrt{2} \times \sqrt{7}$

(2) $\dfrac{\sqrt{15}}{\sqrt{5}}$

◆ $a\sqrt{b}$ の形への変形

36a 次の数の $\sqrt{}$ の中をできるだけ小さい整数の形にせよ。

(1) $\sqrt{12}$

(2) $\sqrt{27}$

36b 次の数の $\sqrt{}$ の中をできるだけ小さい整数の形にせよ。

(1) $\sqrt{28}$

(2) $\sqrt{150}$

◆ 平方根の積

37a 次の式を計算し，$\sqrt{}$ の中をできるだけ小さい整数の形にせよ。

(1) $\sqrt{3} \times \sqrt{15}$

(2) $\sqrt{6} \times \sqrt{10}$

37b 次の式を計算し，$\sqrt{}$ の中をできるだけ小さい整数の形にせよ。

(1) $\sqrt{21} \times \sqrt{7}$

(2) $\sqrt{8} \times \sqrt{12}$

12 根号を含む式の計算(2)

例 12 根号を含む式の計算

次の式を計算せよ。

(1) $\sqrt{18}-\sqrt{32}+\sqrt{12}$

(2) $(2\sqrt{3}+\sqrt{2})(\sqrt{3}-\sqrt{2})$

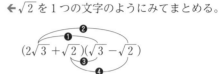

ポイント!

同じ根号の部分を同類項とみて
まとめる。

解

(1) $\sqrt{18}-\sqrt{32}+\sqrt{12}=\sqrt{3^2\times2}-\sqrt{4^2\times2}+\sqrt{2^2\times3}$ ← $\sqrt{\ }$ の中をできるだけ小さい整数にする。

$\qquad=3\sqrt{2}-4\sqrt{2}+2\sqrt{3}$

$\qquad=(3-4)\sqrt{2}+2\sqrt{3}$ ← $\sqrt{2}$ を1つの文字のようにみてまとめる。

$\qquad=-\sqrt{2}+2\sqrt{3}$

(2) $(2\sqrt{3}+\sqrt{2})(\sqrt{3}-\sqrt{2})$

$\quad=2(\sqrt{3})^2-2\sqrt{3}\times\sqrt{2}+\sqrt{2}\times\sqrt{3}-(\sqrt{2})^2$

$\quad=6-2\sqrt{6}+\sqrt{6}-2=4-\sqrt{6}$ ← $-2\sqrt{6}+\sqrt{6}=(-2+1)\sqrt{6}=-\sqrt{6}$

◆ 根号を含む式の加法・減法

38a 次の式を計算せよ。

(1) $5\sqrt{2}+\sqrt{2}-3\sqrt{2}$

(2) $3\sqrt{5}+\sqrt{20}-\sqrt{80}$

(3) $\sqrt{12}-\sqrt{27}+\sqrt{32}$

(4) $\sqrt{18}+\sqrt{12}-\sqrt{2}+3\sqrt{3}$

38b 次の式を計算せよ。

(1) $4\sqrt{3}-3\sqrt{3}+2\sqrt{3}$

(2) $\sqrt{27}+4\sqrt{3}-\sqrt{12}$

(3) $\sqrt{20}+\sqrt{8}-\sqrt{45}$

(4) $\sqrt{12}+\sqrt{20}-\sqrt{48}-\sqrt{45}$

◆ 根号を含む式の乗法

39a　次の式を計算せよ。

(1)　$(\sqrt{3}+\sqrt{2})(\sqrt{3}-3\sqrt{2})$

(2)　$(3\sqrt{2}-1)(\sqrt{2}-3)$

(3)　$(\sqrt{5}+\sqrt{3})(\sqrt{5}-\sqrt{3})$

(4)　$(\sqrt{3}-\sqrt{2})^2$

39b　次の式を計算せよ。

(1)　$(\sqrt{5}+2\sqrt{3})(3\sqrt{5}+\sqrt{3})$

(2)　$(2\sqrt{3}-3)(\sqrt{3}+2)$

(3)　$(\sqrt{7}+2\sqrt{5})(\sqrt{7}-2\sqrt{5})$

(4)　$(\sqrt{2}+\sqrt{6})^2$

▶ p.105 補充問題 5

例 13 分母の有理化

次の式の分母を有理化せよ。

(1) $\dfrac{7}{\sqrt{28}}$　　　　(2) $\dfrac{1}{\sqrt{7}-\sqrt{3}}$

ポイント!

分母が根号を含まない式になるように，分母と分子に同じ数を掛ける。

解

(1) $\dfrac{7}{\sqrt{28}}=\dfrac{7}{2\sqrt{7}}$

$\quad =\dfrac{7\times\sqrt{7}}{2\sqrt{7}\times\sqrt{7}}=\dfrac{7\sqrt{7}}{14}=\dfrac{\sqrt{7}}{2}$

← $\sqrt{28}=\sqrt{2^2\times7}=2\sqrt{7}$

← 分母と分子に $\sqrt{7}$ を掛ける。

(2) $\dfrac{1}{\sqrt{7}-\sqrt{3}}=\dfrac{1\times(\sqrt{7}+\sqrt{3})}{(\sqrt{7}-\sqrt{3})(\sqrt{7}+\sqrt{3})}$

$\quad =\dfrac{\sqrt{7}+\sqrt{3}}{7-3}=\dfrac{\sqrt{7}+\sqrt{3}}{4}$

← 分母と分子に $\sqrt{7}+\sqrt{3}$ を掛ける。

◆ 分母の有理化

40a 次の式の分母を有理化せよ。

(1) $\dfrac{1}{\sqrt{3}}$

(2) $\dfrac{3}{2\sqrt{5}}$

(3) $\dfrac{5}{\sqrt{20}}$

40b 次の式の分母を有理化せよ。

(1) $\dfrac{\sqrt{5}}{\sqrt{3}}$

(2) $\dfrac{6}{\sqrt{2}}$

(3) $\dfrac{3}{\sqrt{48}}$

◆**分母の有理化**

41a 次の式の分母を有理化せよ。

(1) $\dfrac{1}{\sqrt{6}+\sqrt{2}}$

(2) $\dfrac{3}{3-\sqrt{3}}$

(3) $\dfrac{\sqrt{3}-1}{\sqrt{3}+1}$

(4) $\dfrac{\sqrt{3}+\sqrt{2}}{\sqrt{3}-\sqrt{2}}$

41b 次の式の分母を有理化せよ。

(1) $\dfrac{3}{\sqrt{5}-\sqrt{3}}$

(2) $\dfrac{2}{\sqrt{6}+2}$

(3) $\dfrac{\sqrt{5}+2}{\sqrt{5}-2}$

(4) $\dfrac{\sqrt{7}-\sqrt{3}}{\sqrt{7}+\sqrt{3}}$

例14 1次不等式の解法

次の1次不等式を解け。また、解を数直線上に図示せよ。

(1) $x-4>-1$　　　　(2) $-2x\geqq8$

ポイント!

(2) 符号に注意して、両辺を x の係数で割る。

解 (1)
$$x-4>-1$$
$$x>-1+4$$
したがって $x>3$

← $x-4>-1$ 移項
$x>-1\boxed{+4}$

(2)
$$-2x\geqq8$$
したがって $x\leqq-4$

← 両辺を -2 で割ると
$$\frac{-2x}{-2}\leqq\frac{8}{-2}$$

◆**不等式の表し方**

42a 次の数量の大小関係を、不等号を用いて表せ。

(1) ある数 x の2倍から7を引いた数は、5以上である。

(2) 1本50円の鉛筆 x 本の代金は、200円未満である。

42b 次の数量の大小関係を、不等号を用いて表せ。

(1) ある数 x の3倍は、x と10の和より大きい。

(2) 1冊 x 円のノート2冊と1個100円の消しゴム2個の代金は、500円以下である。

◆**数直線上の図示**

43a 例14にならって、次の x の値の範囲を数直線上に図示せよ。

(1) $x\leqq-1$

43b 例14にならって、次の x の値の範囲を数直線上に図示せよ。

(1) $x>-3$

(2) $x>2$

(2) x は $\dfrac{1}{2}$ 以下

基本事項 不等式の性質

① $a<b$ ならば　　　$a+c<b+c$,　$a-c<b-c$

② $a<b$, $c>0$ ならば　$ac<bc$,　$\dfrac{a}{c}<\dfrac{b}{c}$

③ $a<b$, $c<0$ ならば　$ac>bc$,　$\dfrac{a}{c}>\dfrac{b}{c}$

◆ 不等式の性質

44a $a<b$ のとき，次の □ にあてはまる不等号を書き入れよ。

(1) $a+4$ □ $b+4$

(2) $a-3$ □ $b-3$

(3) $3a$ □ $3b$

(4) $\dfrac{a}{6}$ □ $\dfrac{b}{6}$

(5) $-7a$ □ $-7b$

(6) $-\dfrac{a}{2}$ □ $-\dfrac{b}{2}$

44b $a\geqq b$ のとき，次の □ にあてはまる不等号を書き入れよ。

(1) $a+2$ □ $b+2$

(2) $a-6$ □ $b-6$

(3) $10a$ □ $10b$

(4) $\dfrac{a}{5}$ □ $\dfrac{b}{5}$

(5) $-a$ □ $-b$

(6) $-\dfrac{a}{3}$ □ $-\dfrac{b}{3}$

◆ 1次不等式の解法

45a 次の1次不等式を解け。

(1) $x-2>3$

(2) $x+1\leqq -3$

45b 次の1次不等式を解け。

(1) $x-3<4$

(2) $x+5\geqq 6$

◆ 1次不等式の解法

46a 次の1次不等式を解け。

(1) $2x>8$

(2) $-3x>6$

46b 次の1次不等式を解け。

(1) $3x<-12$

(2) $-4x\leqq 16$

例 15 　1次不等式の解法

次の1次不等式を解け。

(1) 　$x-5 \leqq 3x+1$ 　　　　(2) 　$3(x-1) > -x+5$

ポイント！

① 　x を含む項を左辺に，数の項を右辺に移項する。

② 　同類項を整理して，不等式を $ax > b$, $ax \leqq b$ などの形にする。

③ 　両辺を a で割る。a が負の数の場合，不等号の向きが変わる。

解 　(1)

$$x-5 \leqq 3x+1$$
$$x-3x \leqq 1+5$$
$$-2x \leqq 6$$

したがって 　$x \geqq -3$

} -5 と $3x$ を移項する。
整理する。
両辺を -2 で割る。
不等号の向きが変わる。

(2)

$$3(x-1) > -x+5$$
$$3x-3 > -x+5$$
$$4x > 8$$

したがって 　$x > 2$

} かっこをはずす。
移項して整理する。
両辺を4で割る。

◆ **1次不等式の解法**

47a 　次の1次不等式を解け。

(1) 　$3x+7 < -2$

(2) 　$4x-3 > -7$

(3) 　$5x \geqq 7x-8$

(4) 　$6-x \leqq 2x$

47b 　次の1次不等式を解け。

(1) 　$2x-1 > 5$

(2) 　$8-3x \leqq 5$

(3) 　$x-4 < 6x$

(4) 　$-5x \geqq -3x+10$

◆ 1次不等式の解法

48a 次の1次不等式を解け。

(1) $4x-1<3x+2$

(2) $4x-8>7x-14$

(3) $8+3x\geqq-2-x$

48b 次の1次不等式を解け。

(1) $5x+7>6x-1$

(2) $6x-4\leqq-x+3$

(3) $2-9x<3-5x$

◆ (　)を含んだ1次不等式

49a 次の1次不等式を解け。

(1) $2(x-2)>-x+2$

(2) $-2(x+5)\geqq3x+10$

49b 次の1次不等式を解け。

(1) $x+2\leqq3(x-2)$

(2) $3(x-1)<2(x+3)$

例 16 分数を含んだ1次不等式

1次不等式 $\dfrac{x-2}{3} > \dfrac{3x+1}{2}$ を解け。

ポイント！

両辺に同じ数を掛けて，係数を整数にしてから解く。

解

$$\dfrac{x-2}{3} > \dfrac{3x+1}{2}$$

分母の3と2の最小公倍数6を両辺に掛ける。

$$6 \times \dfrac{x-2}{3} > 6 \times \dfrac{3x+1}{2}$$

約分する。

$$2(x-2) > 3(3x+1)$$

かっこをはずす。

$$2x-4 > 9x+3$$

移項して整理する。

$$-7x > 7$$

両辺を -7 で割る。不等号の向きが変わる。

よって $x < -1$

◆分数を含んだ1次不等式

50a 次の1次不等式を解け。

(1) $x+1 \geqq \dfrac{x-5}{3}$

50b 次の1次不等式を解け。

(1) $\dfrac{3x+5}{4} < 2x-5$

(2) $\dfrac{7x-3}{4} < \dfrac{3x-1}{2}$

(2) $\dfrac{x+1}{3} \geqq \dfrac{6-x}{4}$

◆ 1次不等式の利用

51a 5000円以下で，1個180円のりんごを何個か1つの箱に詰めて友人に送りたい。箱代が80円，送料が600円かかるとき，りんごは何個まで詰めることができるか。

51b 1本60円の鉛筆を何本かと1本100円のボールペンを3本買い，代金を1000円以下にしたい。鉛筆は最大何本まで買うことができるか。

ヒント 51　a　りんごの個数をx個とおく。料金は（りんご代）＋（箱代）＋（送料）である。
　　　　　　b　鉛筆の本数をx本とおく。

例 17 連立不等式

連立不等式 $\begin{cases} 4x-5<11 \\ 2x-3\geqq -3x+7 \end{cases}$ を解け。

(解) $4x-5<11$ を解くと，$4x<16$ から

$\qquad x<4 \qquad \cdots\cdots ①$

$2x-3\geqq -3x+7$ を解くと，$5x\geqq 10$ から

$\qquad x\geqq 2 \qquad \cdots\cdots ②$

①と②の共通な範囲を求めて $2\leqq x<4$

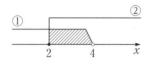

◆ 連立不等式

52a 次の連立不等式を解け。

(1) $\begin{cases} 2x+1\geqq x-7 \\ 3x-4<x-2 \end{cases}$

52b 次の連立不等式を解け。

(1) $\begin{cases} 2x-5<4x-1 \\ 2x+7\geqq 5x-2 \end{cases}$

(2) $\begin{cases} 5x-2<8 \\ -x+3\geqq 5 \end{cases}$

(2) $\begin{cases} 4x<x+6 \\ x+1\geqq 3x-5 \end{cases}$

◆不等式 $A < B < C$

53a 次の不等式を解け。

(1) $3x \leqq 2x + 6 \leqq 4x$

53b 次の不等式を解け。

(1) $3x - 8 < 5x - 4 < x$

(2) $x - 2 < 3x + 8 < 6$

(2) $x - 1 \leqq 2x + 1 \leqq 3x + 2$

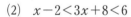 **ヒント 53** 不等式 $A < B < C$ は，連立不等式 $\begin{cases} A < B \\ B < C \end{cases}$ と同じである。

例 18 関数

気温は，高度が1km上がるごとに6℃ずつ下がる。
地上の気温が24℃であるとき，地上 x km のところの気温を
y℃として，y を x の式で表せ。
また，定義域が $0 \leqq x \leqq 3$ のとき，値域を求めよ。

ポイント！

① x と y の関係式を求める。
② グラフから値域を求める。

解 高度が x km 上がると，気温は $6x$℃
下がるから

$$y=24-6x$$

と表される。
また，右のグラフから，値域は

$$6 \leqq y \leqq 24$$

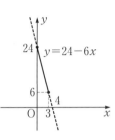

← 高度が1km上がるごとに6℃
ずつ下がる。

← 定義域は
$0 \leqq x \leqq 3$

◆ 関数

54a 4Lの水が入った水槽に毎分3Lの
水を5分間入れる。x 分後の水の量を y L と
して，y を x の式で表せ。また，定義域を示
せ。

54b 長さ18cmのろうそくがある。この
ろうそくは，火をつけると，1分間で2cm ず
つ短くなる。x 分後のろうそくの長さを
y cm として，y を x の式で表せ。また，定義
域を示せ。

◆ 関数の値

55a 関数 $f(x)=2x-3$ において，$f(1)$，
$f(-2)$ の値を求めよ。

55b 関数 $f(x)=-x^2$ において，$f(1)$，
$f(-2)$ の値を求めよ。

基本事項 $y=ax^2$ のグラフ
$y=ax^2$ のグラフは，軸が y 軸，頂点が原点の放物線
である。

$a>0$ のとき下に凸

$a<0$ のとき上に凸

◆ 関数の値域

56a 次の関数のグラフをかけ。また，値域を求めよ。

(1) $y = x + 1$ $(-3 \leqq x \leqq 2)$

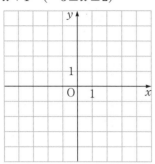

56b 次の関数のグラフをかけ。また，値域を求めよ。

(1) $y = 2x - 2$ $(1 \leqq x \leqq 3)$

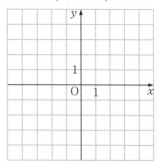

(2) $y = -x - 3$ $(-4 \leqq x \leqq 1)$

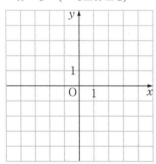

(2) $y = -2x + 1$ $(-1 \leqq x \leqq 2)$

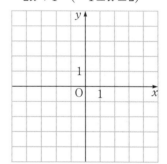

◆ $y = ax^2$ のグラフ

57a 2次関数 $y = 2x^2$ について，次の表を完成し，そのグラフをかけ。

x	$\cdots$	-3	-2	-1	0	1	2	3	$\cdots$
$2x^2$	$\cdots$								$\cdots$

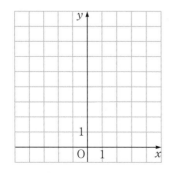

57b 2次関数 $y = -x^2$ について，次の表を完成し，そのグラフをかけ。

x	$\cdots$	-3	-2	-1	0	1	2	3	$\cdots$
$-x^2$	$\cdots$								$\cdots$

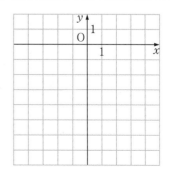

19 $y=ax^2+q,\ y=a(x-p)^2$ のグラフ

例 19 $y=ax^2+q,\ y=a(x-p)^2$ のグラフ

次の 2 次関数のグラフをかけ。

(1) $y=-2x^2+1$ (2) $y=2(x+2)^2$

ポイント！

$y=ax^2$ のグラフを，どのように平行移動したものかを式から読み取る。

(解) (1) $y=-2x^2+1$ のグラフは，

$y=-2x^2$ のグラフを

    y 軸方向に 1

だけ平行移動した放物線で，

    軸は y 軸，

    頂点は点(0，1)

グラフは右の図のようになる。

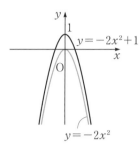

← 頂点(0，1)を定めて，$y=-2x^2$ と同じ形のグラフをかく。

(2) 2 次関数 $y=2(x+2)^2$ は，

$y=2(x+2)^2=2\{x-(-2)\}^2$

と変形できるから，そのグラフは，$y=2x^2$ のグラフを

    x 軸方向に -2

だけ平行移動した放物線で，

    軸は直線 $x=-2$，

    頂点は点(-2，0)

グラフは右の図のようになる。

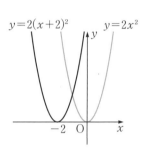

← 頂点(-2，0)を定めて，$y=2x^2$ と同じ形のグラフをかく。

◆ $y=ax^2+q$ のグラフ

58a □にあてはまる数を入れて，2 次関数 $y=x^2-2$ のグラフをかけ。

    $y=x^2-2$ のグラフは，$y=x^2$ のグラフを

        y 軸方向に $^ア\boxed{}$

だけ平行移動した放物線で，

    軸は y 軸，頂点は点($^イ\boxed{}$，$^ウ\boxed{}$)

58b □にあてはまる数を入れて，2 次関数 $y=-2x^2+3$ のグラフをかけ。

    $y=-2x^2+3$ のグラフは，$y=-2x^2$ のグラフを

        y 軸方向に $^ア\boxed{}$

だけ平行移動した放物線で，

    軸は y 軸，頂点は点($^イ\boxed{}$，$^ウ\boxed{}$)

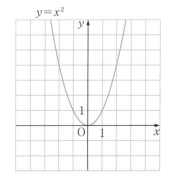

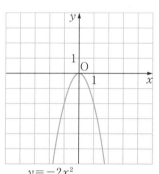

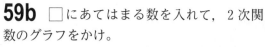
◆ $y=a(x-p)^2$ のグラフ

59a

□にあてはまる数を入れて，2次関数のグラフをかけ。

(1) $y=-(x-3)^2$ のグラフは，$y=-x^2$ のグラフを

x 軸方向に $^{ア}\boxed{}$

だけ平行移動した放物線で，

軸は直線 $x=$ $^{イ}\boxed{}$ ，

頂点は点($^{ウ}\boxed{}$ ，$^{エ}\boxed{}$)

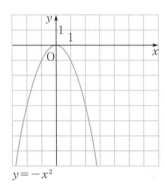

(2) $y=2(x+3)^2$ のグラフは，$y=2x^2$ のグラフを

x 軸方向に $^{ア}\boxed{}$

だけ平行移動した放物線で，

軸は直線 $x=$ $^{イ}\boxed{}$ ，

頂点は点($^{ウ}\boxed{}$ ，$^{エ}\boxed{}$)

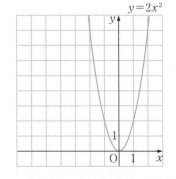

59b

□にあてはまる数を入れて，2次関数のグラフをかけ。

(1) $y=(x+1)^2$ のグラフは，$y=x^2$ のグラフを

x 軸方向に $^{ア}\boxed{}$

だけ平行移動した放物線で，

軸は直線 $x=$ $^{イ}\boxed{}$ ，

頂点は点($^{ウ}\boxed{}$ ，$^{エ}\boxed{}$)

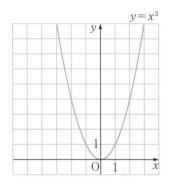

(2) $y=-2(x-1)^2$ のグラフは，$y=-2x^2$ のグラフを

x 軸方向に $^{ア}\boxed{}$

だけ平行移動した放物線で，

軸は直線 $x=$ $^{イ}\boxed{}$ ，

頂点は点($^{ウ}\boxed{}$ ，$^{エ}\boxed{}$)

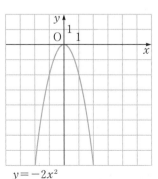

20 $y=a(x-p)^2+q$ **のグラフ**

例 20 $y=a(x-p)^2+q$ のグラフ

2次関数 $y=2(x+1)^2+2$ のグラフをかけ。

ポイント！
$y=ax^2$ のグラフを，どのように平行移動したものかを式から読み取る。

(解) $y=2(x+1)^2+2$ のグラフは，

$y=2x^2$ のグラフを

　　　x 軸方向に -1,

　　　y 軸方向に 2

だけ平行移動した放物線で，

　　軸は直線 $x=-1$,

　　頂点は点 $(-1,\ 2)$

グラフは右の図のようになる。

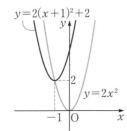

$\leftarrow y=2(x+1)^2+2$
$\qquad =2\{x-(-1)\}^2+2$

$\leftarrow$ 頂点 $(-1,\ 2)$ を定めて，$y=2x^2$ と同じ形のグラフをかく。

◆ $y=ax^2$ **のグラフの平行移動**

60a 次の2次関数のグラフは，$y=3x^2$ のグラフをどのように平行移動したものか。

(1) $y=3(x+3)^2+1$

60b 次の2次関数のグラフは，$y=-x^2$ のグラフをどのように平行移動したものか。

(1) $y=-(x-1)^2+2$

(2) $y=3(x-2)^2-4$

(2) $y=-(x+2)^2-1$

基本事項

$y=a(x-p)^2+q$ **のグラフ**

$y=a(x-p)^2+q$ のグラフは，

$y=ax^2$ のグラフを

　　　x 軸方向に p,

　　　y 軸方向に q

だけ平行移動した放物線で，

　　軸は直線 $x=p$,

　　頂点は点 $(p,\ q)$

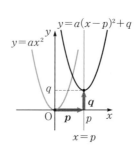

◆ $y=a(x-p)^2+q$ のグラフ

61a □ にあてはまる数を入れて，2次関数のグラフをかけ。

(1) $y=(x+2)^2+3$ のグラフは，$y=x^2$ のグラフを

x軸方向に ^ア□，y軸方向に ^イ□

だけ平行移動した放物線で，

軸は直線 $x=$ ^ウ□，

頂点は点(^エ□，^オ□)

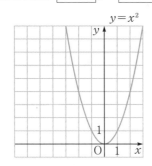

(2) $y=-(x-2)^2+4$ のグラフは，$y=-x^2$ のグラフを

x軸方向に ^ア□，y軸方向に ^イ□

だけ平行移動した放物線で，

軸は直線 $x=$ ^ウ□，

頂点は点(^エ□，^オ□)

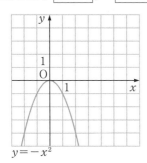

61b □ にあてはまる数を入れて，2次関数のグラフをかけ。

(1) $y=2(x+1)^2-1$ のグラフは，$y=2x^2$ のグラフを

x軸方向に ^ア□，y軸方向に ^イ□

だけ平行移動した放物線で，

軸は直線 $x=$ ^ウ□，

頂点は点(^エ□，^オ□)

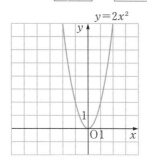

(2) $y=-2(x-2)^2-1$ のグラフは，$y=-2x^2$ のグラフを

x軸方向に ^ア□，y軸方向に ^イ□

だけ平行移動した放物線で，

軸は直線 $x=$ ^ウ□，

頂点は点(^エ□，^オ□)

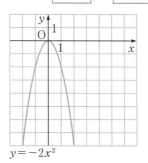

◆ $y=ax^2$ のグラフの平行移動

62a 2次関数 $y=2x^2$ のグラフを，x軸方向に 3，y軸方向に -2 だけ平行移動した放物線をグラフとする2次関数を $y=a(x-p)^2+q$ の形で求めよ。

62b 2次関数 $y=-x^2$ のグラフを，x軸方向に -1，y軸方向に 4 だけ平行移動した放物線をグラフとする2次関数を $y=a(x-p)^2+q$ の形で求めよ。

21 平方完成

例 21 平方完成

次の 2 次関数を $y=a(x-p)^2+q$ の形に変形せよ。

(1) $y=x^2-2x+3$　　　(2) $y=2x^2+8x+3$

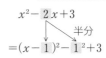

ポイント！
(1) x の係数の半分に着目して，平方の形にする。
(2) 定数項以外を x^2 の係数でくくり，(1)と同様にする。

解 (1) $y=x^2-2x+3$

$\quad =x^2-2\cdot 1x+3$　　〉 平方の差を作る。

$\quad =(x-1)^2-1^2+3$　　〉 定数項を計算する。

$\quad =(x-1)^2+2$

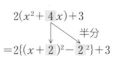

(2) $y=2x^2+8x+3$

$\quad =2(x^2+4x)+3$　　〉 x^2 の係数 2 でくくる。

$\quad =2\{(x+2)^2-2^2\}+3$　〉 { }の中で平方の差を作る。

$\quad =2(x+2)^2-8+3$　　〉 { }をはずす。

$\quad =2(x+2)^2-5$　　　〉 定数項を計算する。

◆ $y=x^2+bx+c$ の変形

63a 次の 2 次関数を $y=(x-p)^2+q$ の形に変形せよ。

(1) $y=x^2-4x$

(2) $y=x^2+2x+6$

(3) $y=x^2-6x+3$

63b 次の 2 次関数を $y=(x-p)^2+q$ の形に変形せよ。

(1) $y=x^2+8x$

(2) $y=x^2+4x-2$

(3) $y=x^2-8x-3$

◆ $y = x^2 + bx + c$ の変形

64a 次の 2 次関数を $y = (x-p)^2 + q$ の形に変形せよ。

(1) $y = x^2 + x + 1$

(2) $y = x^2 - 3x - 2$

64b 次の 2 次関数を $y = (x-p)^2 + q$ の形に変形せよ。

(1) $y = x^2 + 3x + 5$

(2) $y = x^2 - 5x + 1$

◆ $y = ax^2 + bx + c$ の変形

65a 次の 2 次関数を $y = a(x-p)^2 + q$ の形に変形せよ。

(1) $y = 2x^2 + 12x + 9$

(2) $y = -x^2 - 10x - 10$

65b 次の 2 次関数を $y = a(x-p)^2 + q$ の形に変形せよ。

(1) $y = 3x^2 - 6x + 5$

(2) $y = -2x^2 + 4x - 3$

▶ p.107 補充問題 **8**

22 $y=ax^2+bx+c$ のグラフ

2次関数 $y=3x^2-6x+1$ のグラフの軸と頂点を求め，そのグラフをかけ。

(解) $\quad y=3x^2-6x+1=3(x-1)^2-2$

よって，この関数のグラフは，

     軸が直線 $x=1$,

     頂点が点 $(1,\ -2)$

の下に凸の放物線である。

また，y 軸との交点は点 $(0,\ 1)$ である。

したがって，グラフは右の図のようになる。

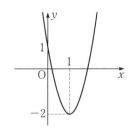

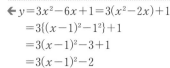

$\leftarrow y=3x^2-6x+1=3(x^2-2x)+1$
$\qquad =3\{(x-1)^2-1^2\}+1$
$\qquad =3(x-1)^2-3+1$
$\qquad =3(x-1)^2-2$

$\leftarrow$ 上に凸か下に凸か確認する。

$\leftarrow y=3x^2-6x+1$ に
$\qquad x=0$ を代入して，
$\qquad y$ 座標を求める。

◆ $y=x^2+bx+c$ のグラフ

66a   2次関数 $y=x^2-4x+5$ のグラフの軸と頂点を求め，そのグラフをかけ。

66b   2次関数 $y=x^2+2x-6$ のグラフの軸と頂点を求め，そのグラフをかけ。

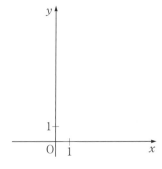

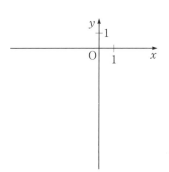

基本事項 $y=ax^2+bx+c$ のグラフ

$y=ax^2+bx+c$ のグラフは，$y=ax^2$ のグラフを

     x 軸方向に $-\dfrac{b}{2a}$, y 軸方向に $-\dfrac{b^2-4ac}{4a}$

だけ平行移動した放物線で，

     軸は直線 $x=-\dfrac{b}{2a}$,   頂点は点 $\left(-\dfrac{b}{2a},\ -\dfrac{b^2-4ac}{4a}\right)$

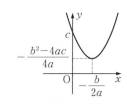

◆ $y = ax^2 + bx + c$ のグラフ

67a
次の2次関数のグラフの軸と頂点を求め，そのグラフをかけ。

(1) $y = 2x^2 - 4x + 3$

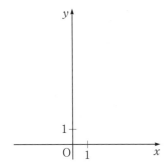

(2) $y = -x^2 - 4x$

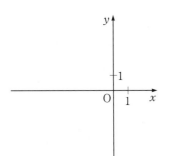

67b
次の2次関数のグラフの軸と頂点を求め，そのグラフをかけ。

(1) $y = 2x^2 + 8x + 3$

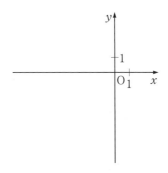

(2) $y = -3x^2 + 6x - 3$

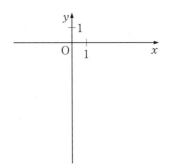

例 23　$y=ax^2+bx+c$ の最大値・最小値

２次関数 $y=-x^2+4x+3$ に最大値，最小値があれば，それを求めよ。

解

$$y=-x^2+4x+3$$
$$=-(x-2)^2+7$$

よって，y は

　$x=2$ で最大値 7 をとり，

　最小値はない。

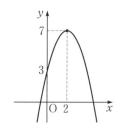

◆ $y=a(x-p)^2+q$ の最大値・最小値

68a　次の２次関数に最大値，最小値があれば，それを求めよ。

(1)　$y=(x+1)^2-3$

68b　次の２次関数に最大値，最小値があれば，それを求めよ。

(1)　$y=2(x+3)^2$

(2)　$y=-(x-2)^2+4$

(2)　$y=-2(x-3)^2+7$

基本事項　$y=a(x-p)^2+q$ の最大・最小

　２次関数 $y=a(x-p)^2+q$ は，

$a>0$ のとき，

$x=p$ で最小値 q をとり，最大値はない。

$a<0$ のとき，

$x=p$ で最大値 q をとり，最小値はない。

◆ $y = ax^2 + bx + c$ の最大値・最小値

69a 次の2次関数に最大値，最小値があれば，それを求めよ。

(1) $y = x^2 + 8x - 3$

(2) $y = 2x^2 - 8x - 1$

(3) $y = -x^2 + 10x - 25$

69b 次の2次関数に最大値，最小値があれば，それを求めよ。

(1) $y = x^2 - 4x + 9$

(2) $y = 3x^2 + 12x$

(3) $y = -2x^2 - 4x + 3$

例 24 定義域に制限がある場合の最大値・最小値

次の2次関数の最大値および最小値を求めよ。

$$y = -x^2 - 4x + 1 \quad (-3 \leqq x \leqq 1)$$

ポイント！

グラフをかいて，頂点のy座標と定義域の両端でのy座標に注目する。

解 $y = -(x+2)^2 + 5$ より，このグラフの頂点は点$(-2, 5)$である。

$-3 \leqq x \leqq 1$ におけるグラフは，右の図の実線で表された部分である。

よって，yは

$x = -2$ で最大値 5，

$x = 1$ で最小値 -4　をとる。

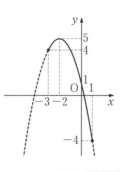

$\leftarrow x = -3$ のとき
$y = -(-3+2)^2 + 5 = 4$
$x = 1$ のとき
$y = -(1+2)^2 + 5 = -4$

◆ 定義域に制限がある場合の最大値・最小値

70a 定義域が次の場合について，2次関数 $y = x^2 + 2x$ の最大値および最小値を求めよ。

(1) $-3 \leqq x \leqq 0$

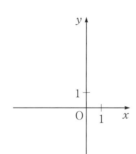

(2) $0 \leqq x \leqq 1$

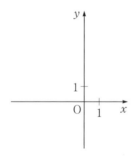

(3) $-2 \leqq x \leqq 0$

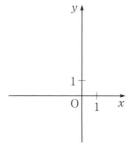

70b 定義域が次の場合について，2次関数 $y = -x^2 + 2x + 2$ の最大値および最小値を求めよ。

(1) $0 \leqq x \leqq 3$

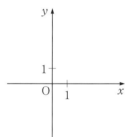

(2) $-1 \leqq x \leqq 0$

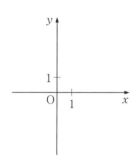

(3) $-1 \leqq x \leqq 3$

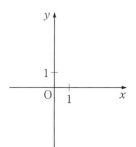

◆ 定義域に制限がある場合の最大値・最小値

71a 次の2次関数の最大値および最小値を求めよ。

(1) $y = x^2 - 2x - 2$ $(-2 \leqq x \leqq 2)$

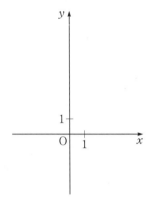

(2) $y = -x^2 + 4x + 1$ $(-1 \leqq x \leqq 0)$

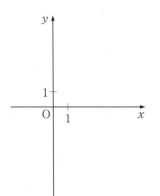

71b 次の2次関数の最大値および最小値を求めよ。

(1) $y = x^2 - 4x$ $(3 \leqq x \leqq 5)$

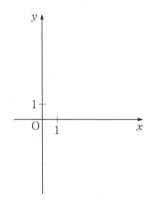

(2) $y = -2x^2 - 4x + 3$ $(-2 \leqq x \leqq 1)$

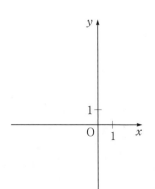

2次関数の決定

例 25 頂点と通る1点が与えられたとき
頂点が点(1, 3)で，点(2, 4)を通る放物線をグラフとする2次関数を求めよ。

ポイント!

頂点の座標(p, q)が与えられているときは，求める2次関数を$y=a(x-p)^2+q$とおき，通る点の条件からaの値を求める。

(**解**) 頂点が点(1, 3)であるから，求める2次関数は
$$y=a(x-1)^2+3$$
と表される。

このグラフが点(2, 4)を通るから，$x=2$のとき$y=4$である。

よって $4=a(2-1)^2+3$ これを解いて $a=1$

したがって，求める2次関数は $y=(x-1)^2+3$ すなわち $\boldsymbol{y=x^2-2x+4}$

◆**頂点と通る1点が与えられたとき**

72a 頂点が点(2, 3)で，点(3, 4)を通る放物線をグラフとする2次関数を求めよ。

72b 頂点が点$(-1, -2)$で，点$(0, -4)$を通る放物線をグラフとする2次関数を求めよ。

◆**軸と通る2点が与えられたとき**

73a 軸が直線$x=1$で，2点(2, 3)，$(-1, 6)$を通る放物線をグラフとする2次関数を求めよ。

73b 軸が直線$x=-2$で，2点$(1, -6)$，$(-1, 2)$を通る放物線をグラフとする2次関数を求めよ。

基本事項 2次関数の決定

与えられた条件		求める2次関数の形
頂点の座標(p, q)と通る1点	$\longrightarrow$	$y=a(x-p)^2+q$
軸 直線$x=p$と通る2点	$\longrightarrow$	$y=a(x-p)^2+q$
通る3点	$\longrightarrow$	$y=ax^2+bx+c$

◆ **通る 3 点が与えられたとき**

74a グラフが次の 3 点を通る 2 次関数を求めよ。

(1) $(0, -3)$, $(1, 0)$, $(-1, -4)$

74b グラフが次の 3 点を通る 2 次関数を求めよ。

(1) $(0, 1)$, $(2, 1)$, $(-2, 9)$

(2) $(2, 5)$, $(0, 3)$, $(-1, 8)$

(2) $(1, 0)$, $(-2, -3)$, $(0, 5)$

26 2次方程式の解

例 26 2次方程式の解

次の2次方程式を解け。

(1) $2x^2-3x+1=0$ (2) $x^2-2x-4=0$

ポイント！

(1) 左辺を因数分解する。
(2) 左辺が因数分解できないときは，解の公式を利用する。

解 (1) 左辺を因数分解して $(x-1)(2x-1)=0$

よって $x-1=0$ または $2x-1=0$

したがって $x=1,\ \dfrac{1}{2}$

$\begin{array}{ccc} 1 & \diagdown & -1 \longrightarrow -2 \\ 2 & \diagup & -1 \longrightarrow -1 \\ \hline & & -3 \end{array}$

(2) 解の公式により

$$x=\frac{-(-2)\pm\sqrt{(-2)^2-4\cdot1\cdot(-4)}}{2\cdot1}=\frac{2\pm\sqrt{20}}{2}$$

← $1x^2+(-2)x+(-4)=0$

$$=\frac{2\pm2\sqrt5}{2}=1\pm\sqrt5$$

← 根号の中を簡単にする。
2で約分する。

◆ 因数分解による解法

75a 次の2次方程式を解け。

(1) $x^2-7x+12=0$

(2) $x^2+x=0$

(3) $x^2-9=0$

75b 次の2次方程式を解け。

(1) $x^2+8x+15=0$

(2) $2x^2-3x=0$

(3) $x^2+6x+9=0$

◆ 因数分解（たすき掛け）による解法

76a 次の2次方程式を解け。

(1) $2x^2+7x+3=0$

(2) $4x^2-7x-2=0$

76b 次の2次方程式を解け。

(1) $3x^2+4x-4=0$

(2) $8x^2-14x+3=0$

 2次方程式の解の公式

2次方程式 $ax^2+bx+c=0$ の解は $\quad x=\dfrac{-b\pm\sqrt{b^2-4ac}}{2a}$

◆ 2次方程式の解の公式

77a 次の2次方程式を解け。

(1) $2x^2+3x-1=0$

(2) $x^2-3x-1=0$

77b 次の2次方程式を解け。

(1) $2x^2+5x+1=0$

(2) $3x^2-9x+5=0$

◆ 2次方程式の解の公式

78a 次の2次方程式を解け。

(1) $x^2+8x+5=0$

(2) $2x^2-6x+3=0$

78b 次の2次方程式を解け。

(1) $x^2-4x+1=0$

(2) $3x^2-2x-6=0$

▶ p.108 補充問題 **9**

27 2次方程式の実数解の個数

例 27 2次方程式の解に関する条件

2次方程式 $x^2-x+m=0$ が実数解をもつとき，定数 m の値の範囲を求めよ。

ポイント！

実数解をもつのは次の場合がある。
・異なる2個の実数解をもつ
・1個の実数解（重解）をもつ

(解) 2次方程式 $x^2-x+m=0$ の判別式を D とする。実数解をもつための条件は，$D\geqq 0$ が成り立つことである。

$$D=(-1)^2-4\cdot 1\cdot m=1-4m$$

← $D=b^2-4ac$

であるから　$1-4m\geqq 0$　　これを解いて　$m\leqq \dfrac{1}{4}$

◆ 2次方程式の実数解の個数

79a 次の2次方程式の実数解の個数を求めよ。

(1) $x^2+2x-4=0$

79b 次の2次方程式の実数解の個数を求めよ。

(1) $x^2+6x+9=0$

(2) $x^2-3x+3=0$

(2) $x^2-7x+10=0$

(3) $9x^2-6x+1=0$

(3) $2x^2-x+1=0$

2次方程式 $ax^2+bx+c=0$ の実数解の個数

$D=b^2-4ac>0$ のとき，異なる2個の実数解をもつ
$D=b^2-4ac=0$ のとき，1個の実数解（重解）をもつ　$\Big\}$ $D\geqq 0$ のとき，実数解をもつ。
$D=b^2-4ac<0$ のとき，実数解をもたない

80a 2次方程式 $x^2+6x+m=0$ の解が次の条件を満たすとき，定数 m の値，または m の値の範囲を求めよ。

(1) 実数解をもつ。

80b 2次方程式 $2x^2-x+m=0$ の解が次の条件を満たすとき，定数 m の値，または m の値の範囲を求めよ。

(1) 実数解をもつ。

(2) 重解をもつ。

(2) 重解をもつ。

(3) 実数解をもたない。

(3) 実数解をもたない。

例 28 グラフとx軸の関係

2次関数 $y=3x^2-2x+m$ のグラフがx軸と異なる2点で交わるとき，定数mの値の範囲を求めよ。

> **ポイント！**
>
> グラフがx軸と異なる2点で交わるとき，$D>0$ である。

(解) 2次方程式 $3x^2-2x+m=0$ の判別式をDとする。

グラフがx軸と異なる2点で交わるための条件は，$D>0$ が成り立つことである。

$$D=(-2)^2-4\cdot 3\cdot m=4-12m \qquad \leftarrow D=b^2-4ac$$

であるから　$4-12m>0$　　これを解いて　$m<\dfrac{1}{3}$

◆ **グラフとx軸の共有点のx座標**

81a 次の2次関数のグラフとx軸の共有点のx座標を求めよ。

(1) $y=x^2+5x+6$

(2) $y=-x^2-6x-9$

(3) $y=2x^2-7x+4$

81b 次の2次関数のグラフとx軸の共有点のx座標を求めよ。

(1) $y=-x^2+6x-5$

(2) $y=4x^2-4x+1$

(3) $y=x^2-4x+2$

 2次関数 $y=ax^2+bx+c$ のグラフとx軸の位置関係

$D=b^2-4ac$ の符号	$D>0$	$D=0$	$D<0$
グラフとx軸の位置関係	異なる2点で交わる	接する	交わらない
共有点の個数	2個	1個	0個
$ax^2+bx+c=0$ の実数解の個数	2個	1個（重解）	0個

（2次関数 $y=ax^2+bx+c$ のグラフとx軸の共有点の個数）＝（2次方程式 $ax^2+bx+c=0$ の実数解の個数）

◆グラフとx軸の共有点の個数

82a 次の2次関数のグラフとx軸の共有点の個数を求めよ。

(1) $y=x^2+4x+3$

(2) $y=2x^2-3x+5$

(3) $y=-x^2+4x-4$

82b 次の2次関数のグラフとx軸の共有点の個数を求めよ。

(1) $y=2x^2+4x+2$

(2) $y=2x^2-4x+5$

(3) $y=-x^2+2x+3$

◆グラフとx軸の関係（異なる2点で交わる）

83a 2次関数$y=x^2+4x+m$のグラフがx軸と異なる2点で交わるとき，定数mの値の範囲を求めよ。

83b 2次関数$y=-2x^2+4x-m$のグラフがx軸と異なる2点で交わるとき，定数mの値の範囲を求めよ。

◆グラフとx軸の関係（接する）

84a 2次関数$y=x^2-3x-m$のグラフがx軸と接するとき，定数mの値を求めよ。

84b 2次関数$y=-x^2+mx-2m$のグラフがx軸と接するとき，定数mの値を求めよ。

29 **2次不等式**(1)

例 29 2次不等式

次の2次不等式を解け。

(1)　$x^2+4x-5>0$　　　　(2)　$2x^2-3x-1\leqq0$

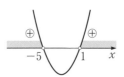
解　(1)　$x^2+4x-5=0$ を解くと，$(x+5)(x-1)=0$ から

　　　　$x=-5,\ 1$

　　　　よって，求める解は　　$x<-5,\ 1<x$

(2)　$2x^2-3x-1=0$ を解くと

　　　$x=\dfrac{-(-3)\pm\sqrt{(-3)^2-4\cdot2\cdot(-1)}}{2\cdot2}=\dfrac{3\pm\sqrt{17}}{4}$

　　　よって，求める解は

　　　　$\dfrac{3-\sqrt{17}}{4}\leqq x\leqq\dfrac{3+\sqrt{17}}{4}$

◆ **2次不等式（因数分解の利用）**

85a 次の2次不等式を解け。

(1)　$(x-1)(x-2)>0$

(2)　$x^2-x-12<0$

(3)　$x^2-7x+12\geqq0$

85b 次の2次不等式を解け。

(1)　$(x+6)(x-1)<0$

(2)　$x^2-x-2\geqq0$

(3)　$x^2-5x>0$

 基本事項　2次不等式の解

$a>0$ とする。2次方程式 $ax^2+bx+c=0$ の実数解が $\alpha,\ \beta\ (\alpha<\beta)$ のとき，

　　　$ax^2+bx+c>0$ の解は　　$x<\alpha,\ \beta<x$

　　　$ax^2+bx+c<0$ の解は　　$\alpha<x<\beta$

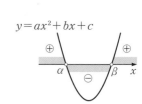

◆ 2次不等式（因数分解の利用）

86a 次の2次不等式を解け。

(1) $2x^2+7x+5>0$

(2) $4x^2-3x-1<0$

86b 次の2次不等式を解け。

(1) $3x^2+4x-7\leqq0$

(2) $6x^2+x-2>0$

◆ 2次不等式（解の公式の利用）

87a 次の2次不等式を解け。

(1) $x^2-5x+3>0$

(2) $x^2-2x-1\leqq0$

87b 次の2次不等式を解け。

(1) $x^2-x-3<0$

(2) $2x^2+4x+1>0$

▶ p.109 補充問題 ⑩

例 30 2次不等式

次の2次不等式を解け。

(1) $x^2+2x+1<0$ (2) $x^2-2x+4>0$

ポイント

グラフから不等式を満たす x の値の範囲を求める。

(解) (1) $x^2+2x+1=(x+1)^2$ と変形できるから，

$y=x^2+2x+1$ のグラフは，右の図のように

$x=-1$ で x 軸と接している。

グラフから，すべての x の値に対して $y \geqq 0$ である。

よって，$x^2+2x+1<0$ の**解はない。**

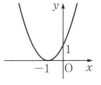

(2) 2次方程式 $x^2-2x+4=0$ の判別式を D とすると

$$D=(-2)^2-4\cdot1\cdot4=-12<0$$

であるから，2次関数 $y=x^2-2x+4$ のグラフは，

右の図のように x 軸と共有点をもたない。

グラフから，すべての x の値に対して $y>0$ である。

よって，$x^2-2x+4>0$ の解は，**すべての実数**

← $y=x^2-2x+4$
   $=(x-1)^2+3$

◆ 2次不等式(x^2 の係数が負)

88a 次の2次不等式を解け。

(1) $-x^2-5x+14 \geqq 0$

88b 次の2次不等式を解け。

(1) $-x^2+2x+15<0$

(2) $-2x^2+x+1>0$

(2) $-2x^2-2x+1 \leqq 0$

◆ 2次不等式（グラフが x 軸と接する）

89a　次の 2 次不等式を解け。

(1)　$x^2+6x+9>0$

(2)　$x^2-8x+16<0$

89b　次の 2 次不等式を解け。

(1)　$x^2-10x+25\geqq0$

(2)　$x^2+4x+4\leqq0$

◆ 2次不等式（グラフが x 軸と共有点をもたない）

90a　次の 2 次不等式を解け。

(1)　$x^2+2x+3>0$

(2)　$x^2+6x+10<0$

90b　次の 2 次不等式を解け。

(1)　$x^2-4x+5\geqq0$

(2)　$x^2-2x+2\leqq0$

三平方の定理を確認しよう

例 31 三角比の値(三平方の定理の利用)

右の図の直角三角形 ABC において，
$\sin A$, $\cos A$, $\tan A$ の値を求めよ。

ポイント!

三平方の定理を利用して，残りの辺の長さを求める。

(解) 三平方の定理により

$$AB^2 = AC^2 + BC^2 = 1^2 + 3^2 = 10$$

$AB > 0$ であるから $AB = \sqrt{10}$

よって

$$\sin A = \frac{3}{\sqrt{10}}, \ \cos A = \frac{1}{\sqrt{10}}, \ \tan A = \frac{3}{1} = 3$$

← 三平方の定理
$a^2 + b^2 = c^2$

← ∠A が左下，直角が右下にくるように図をかきなおす。

◆ 三角比の値

91a 次の直角三角形 ABC において，
$\sin A$, $\cos A$, $\tan A$ の値を求めよ。

(1)

(2)

91b 次の直角三角形 ABC において，
$\sin A$, $\cos A$, $\tan A$ の値を求めよ。

(1)

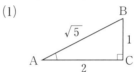

(2)

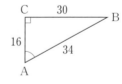

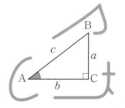

基本事項 三角比

∠C = 90° の直角三角形 ABC において

$$\sin A = \frac{a}{c}, \quad \cos A = \frac{b}{c}, \quad \tan A = \frac{a}{b}$$

◆ 三角比の値（三平方の定理の利用）

92a 次の直角三角形 ABC において，
$\sin A$，$\cos A$，$\tan A$ の値を求めよ。

(1)
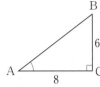

(2)
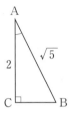

(3)
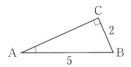

92b 次の直角三角形 ABC において，
$\sin A$，$\cos A$，$\tan A$ の値を求めよ。

(1)
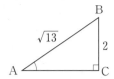

(2)

(3)
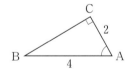

例 32 三角比の表

三角比の表を用いて，右の図の直角三角形 ABC における ∠A の大きさを求めよ。

解 図から　　$\sin A = \dfrac{3}{4} = 0.75$

三角比の表から，$\sin A$ の値が0.75に最も近い値は0.7547であるから

$A \fallingdotseq 49°$　　←≒は，a と b がほぼ等しいことを表す。

A	$\sin A$
48°	0.7431
49°	0.7547
50°	0.7660

←等しい値がないときは，最も近い値をさがす。

◆ 30°，45°，60° の三角比

93a 次の図の直角三角形について，辺の長さを □ に書き入れよ。また，$\sin 30°$，$\sin 60°$，$\sin 45°$ の値を求めよ。

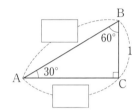

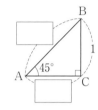

93b 93a の図を用いて 30°，45°，60° の三角比の値を求め，次の表を完成せよ。

A	30°	45°	60°
$\sin A$			
$\cos A$			
$\tan A$			

◆ 三角比の表

94a 三角比の表を用いて，次の三角比の値を答えよ。

(1) $\sin 33°$

(2) $\cos 8°$

(3) $\tan 72°$

94b 三角比の表を用いて，次の三角比の値を答えよ。

(1) $\sin 50°$

(2) $\cos 81°$

(3) $\tan 15°$

◆三角比の表

95a Aが鋭角のとき，三角比の表を用いて，次のようなAを求めよ。

(1) $\sin A = 0.1736$

(2) $\cos A = 0.4848$

(3) $\tan A = 19.0811$

95b Aが鋭角のとき，三角比の表を用いて，次のようなAを求めよ。

(1) $\sin A = 0.9945$

(2) $\cos A = 0.9945$

(3) $\tan A = 0.9657$

◆三角比の表

96a 三角比の表を用いて，次の図の直角三角形 ABC における ∠A の大きさを求めよ。

(1)

(2)

96b 三角比の表を用いて，次の図の直角三角形 ABC における ∠A の大きさを求めよ。

(1)

(2)
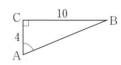

例 33 直角三角形の辺の長さ

右の図の直角三角形 ABC において，BC と AC の長さを求めよ。

(解) $BC = AB \sin 30° = 20 \times \dfrac{1}{2} = 10$ $\leftarrow \sin 30° = \dfrac{BC}{AB}$

$AC = AB \cos 30° = 20 \times \dfrac{\sqrt{3}}{2} = 10\sqrt{3}$ $\leftarrow \cos 30° = \dfrac{AC}{AB}$

◆直角三角形の辺の長さ

97a 次の直角三角形 ABC において，BC と AC の長さを求めよ。

97b 次の直角三角形 ABC において，BC と AC の長さを求めよ。

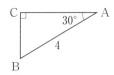

◆直角三角形の辺の長さ

98a 次の直角三角形 ABC において，BC の長さを求めよ。

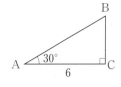

98b 次の直角三角形 ABC において，BC の長さを求めよ。

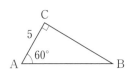

 基本事項 $a = c \sin A$, $b = c \cos A$, $a = b \tan A$

◆ サイン・コサインの利用（巻末の三角比の表を利用する）

99a 下の図のように，山のふもとの地点A
と山頂Bを結ぶケーブルカーがある。
2地点間の距離は1000m，傾斜角は20°であ
った。2地点間の標高差BCと水平距離AC
はそれぞれ何mか。小数第1位を四捨五入し
て求めよ。

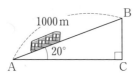

99b 下の図のように，たこあげをしていて，
糸の長さ AB が 10 m になったとき，あがった
角度 ∠BAC は 27° であった。
たこの高さ BC と立っている地点からたこの
真下までの距離 AC はそれぞれ何mか。小数
第2位を四捨五入して求めよ。

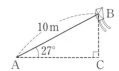

◆ タンジェントの利用（巻末の三角比の表を利用する）

100a 下の図のように，立木 BC の根元C
から 10 m 離れた地点Aにおいて，
∠BAC＝40° であった。立木 BC の高さは何
mか。小数第2位を四捨五入して求めよ。

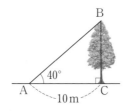

100b 下の図のように，地点Aから水平に
100 m 離れた地点Cにある塔の高さBCを測り
たい。∠BAC＝36° であるとき，塔の高さは
何mか。小数第1位を四捨五入して求めよ。

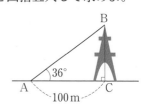

34 鋭角の三角比の相互関係

例 34 三角比の相互関係

$\sin A = \dfrac{12}{13}$ のとき，$\cos A$ と $\tan A$ の値を求めよ。

ただし，A は鋭角とする。

ポイント！

$\sin A$

　$\Downarrow$　$\sin^2 A + \cos^2 A = 1$ を利用

$\cos A$

　$\Downarrow$　$\tan A = \dfrac{\sin A}{\cos A}$ を利用

$\tan A$

解 $\sin^2 A + \cos^2 A = 1$ から　$\cos^2 A = 1 - \sin^2 A$

$\sin A = \dfrac{12}{13}$ を代入して

$$\cos^2 A = 1 - \sin^2 A = 1 - \left(\dfrac{12}{13}\right)^2 = \dfrac{25}{169}$$

$\leftarrow 1 - \left(\dfrac{12}{13}\right)^2 = 1 - \dfrac{144}{169} = \dfrac{25}{169}$

$\cos A > 0$ であるから　$\cos A = \sqrt{\dfrac{25}{169}} = \dfrac{5}{13}$

また　$\tan A = \dfrac{\sin A}{\cos A} = \dfrac{12}{13} \div \dfrac{5}{13} = \dfrac{12}{13} \times \dfrac{13}{5} = \dfrac{12}{5}$

答 $\cos A = \dfrac{5}{13}$，$\tan A = \dfrac{12}{5}$

別解 $\sin A = \dfrac{12}{13}$ より，AB $= 13$，BC $= 12$，

$\angle$C $= 90°$ の直角三角形 ABC をかく。

三平方の定理により　$12^2 + \text{AC}^2 = 13^2$

よって　$\text{AC} = \sqrt{13^2 - 12^2} = 5$

したがって　$\cos A = \dfrac{5}{13}$，$\tan A = \dfrac{12}{5}$

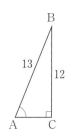

◆ 三角比の相互関係

101a $\sin A = \dfrac{3}{5}$ のとき，$\cos A$ と $\tan A$ の値を求めよ。ただし，A は鋭角とする。

101b $\cos A = \dfrac{2}{3}$ のとき，$\sin A$ と $\tan A$ の値を求めよ。ただし，A は鋭角とする。

基本事項

(1) 三角比の相互関係

① $\tan A = \dfrac{\sin A}{\cos A}$　　② $\sin^2 A + \cos^2 A = 1$　　③ $1 + \tan^2 A = \dfrac{1}{\cos^2 A}$

(2) $90° - A$ の三角比

① $\sin(90° - A) = \cos A$　　② $\cos(90° - A) = \sin A$　　③ $\tan(90° - A) = \dfrac{1}{\tan A}$

◆三角比の相互関係

102a $\tan A = 4$ のとき，$\sin A$ と $\cos A$ の値を求めよ。ただし，A は鋭角とする。

102b $\tan A = \dfrac{1}{2}$ のとき，$\sin A$ と $\cos A$ の値を求めよ。ただし，A は鋭角とする。

◆ $90° - A$ の三角比

103a 次の三角比を $45°$ より小さい鋭角の三角比で表せ。

(1) $\sin 85°$

(2) $\cos 70°$

(3) $\tan 75°$

103b 次の三角比を $45°$ より小さい鋭角の三角比で表せ。

(1) $\sin 50°$

(2) $\cos 55°$

(3) $\tan 80°$

35 三角比の拡張(1)

例 35 三角比の相互関係

$\cos\theta = -\dfrac{3}{4}$ のとき，$\sin\theta$ と $\tan\theta$ の値を求めよ。

ただし，$0°\leqq\theta\leqq180°$ とする。

$\cos\theta$
⇩　$\sin^2\theta+\cos^2\theta=1$ を利用
$\sin\theta$
⇩　$\tan\theta=\dfrac{\sin\theta}{\cos\theta}$ を利用
$\tan\theta$

(解) $\sin^2\theta+\cos^2\theta=1$ から　　$\sin^2\theta=1-\cos^2\theta$

$\cos\theta=-\dfrac{3}{4}$ より

$\quad\sin^2\theta=1-\cos^2\theta=1-\left(-\dfrac{3}{4}\right)^2=\dfrac{7}{16}$

←$1-\left(-\dfrac{3}{4}\right)^2=1-\dfrac{9}{16}=\dfrac{7}{16}$

$0°\leqq\theta\leqq180°$ のとき，$\sin\theta\geqq0$ であるから　$\sin\theta=\sqrt{\dfrac{7}{16}}=\dfrac{\sqrt{7}}{4}$

また　$\tan\theta=\dfrac{\sin\theta}{\cos\theta}=\dfrac{\sqrt{7}}{4}\div\left(-\dfrac{3}{4}\right)=\dfrac{\sqrt{7}}{4}\times\left(-\dfrac{4}{3}\right)=-\dfrac{\sqrt{7}}{3}$

答　$\sin\theta=\dfrac{\sqrt{7}}{4}$，$\tan\theta=-\dfrac{\sqrt{7}}{3}$

◆ 三角比の値

104a 次の表の空欄に三角比の値を入れ，表を完成せよ。

θ	0°	30°	45°	60°	90°	120°	135°	150°	180°
$\sin\theta$									
$\cos\theta$									
$\tan\theta$									

104b 次の表の空欄に 0，1，−1，＋，−のいずれかを入れ，表を完成せよ。

θ	0°	鋭角	90°	鈍角	180°
$\sin\theta$					
$\cos\theta$					
$\tan\theta$					

基本事項

(1) 三角比の値の符号
　　θ が鋭角のとき　　$\sin\theta>0$，　$\cos\theta>0$，　$\tan\theta>0$
　　θ が鈍角のとき　　$\sin\theta>0$，　$\cos\theta<0$，　$\tan\theta<0$

(2) $180°-\theta$ の三角比
　　① $\sin(180°-\theta)=\sin\theta$　　② $\cos(180°-\theta)=-\cos\theta$　　③ $\tan(180°-\theta)=-\tan\theta$

(3) 三角比の相互関係($0°\leqq\theta\leqq180°$)
　　① $\tan\theta=\dfrac{\sin\theta}{\cos\theta}$　　② $\sin^2\theta+\cos^2\theta=1$　　③ $1+\tan^2\theta=\dfrac{1}{\cos^2\theta}$

◆180°−θ の三角比

105a 巻末の三角比の表を用いて，次の三角比の値を求めよ。

(1) $\sin 145°$

(2) $\cos 160°$

(3) $\tan 110°$

105b 巻末の三角比の表を用いて，次の三角比の値を求めよ。

(1) $\sin 105°$

(2) $\cos 155°$

(3) $\tan 170°$

◆三角比の相互関係

106a $\cos\theta = -\dfrac{1}{4}$ のとき，$\sin\theta$ と $\tan\theta$ の値を求めよ。ただし，$0° \leqq \theta \leqq 180°$ とする。

106b $\sin\theta = \dfrac{1}{3}$ のとき，$\cos\theta$ と $\tan\theta$ の値を求めよ。ただし，$90° \leqq \theta \leqq 180°$ とする。

例 36 与えられた三角比を満たす角

$0° \leqq \theta \leqq 180°$ のとき，次の等式を満たす θ を求めよ。

(1) $\sin\theta = \dfrac{1}{2}$

(2) $\cos\theta = -\dfrac{1}{\sqrt{2}}$

(3) $\tan\theta = -\sqrt{3}$

解 (1) 求める角 θ は，次の図の ∠AOP と ∠AOQ である。

よって $\theta = 30°,\ 150°$

(2) 求める角 θ は，次の図の ∠AOP である。

よって $\theta = 135°$

(3) 求める角 θ は，次の図の ∠AOP である。

よって $\theta = 120°$

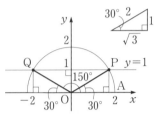

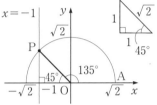

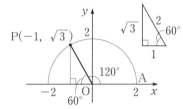

↑ $\sin\theta = \dfrac{y}{r}$ であるから，

$r = 2,\ y = 1$ と考える。

↑ $\cos\theta = \dfrac{x}{r}$ であるから，

$-\dfrac{1}{\sqrt{2}} = \dfrac{-1}{\sqrt{2}}$ とみて

$r = \sqrt{2},\ x = -1$ と考える。

↑ $\tan\theta = \dfrac{y}{x}$ であるから，

$x = -1,\ y = \sqrt{3}$ となる点をPとする。

◆ **サインの値を満たす角**

107a $0° \leqq \theta \leqq 180°$ のとき，次の等式を満たす θ を求めよ。

(1) $\sin\theta = \dfrac{\sqrt{3}}{2}$

(2) $\sin\theta = 0$

107b $0° \leqq \theta \leqq 180°$ のとき，次の等式を満たす θ を求めよ。

(1) $\sin\theta = \dfrac{1}{\sqrt{2}}$

(2) $\sin\theta = 1$

◆ **コサインの値を満たす角**

108a $0° \leqq \theta \leqq 180°$ のとき，次の等式を満たす θ を求めよ。

(1) $\cos \theta = \dfrac{1}{\sqrt{2}}$

(2) $\cos \theta = -\dfrac{1}{2}$

108b $0° \leqq \theta \leqq 180°$ のとき，次の等式を満たす θ を求めよ。

(1) $\cos \theta = -\dfrac{\sqrt{3}}{2}$

(2) $\cos \theta = -1$

◆ **タンジェントの値を満たす角**

109a $0° \leqq \theta \leqq 180°$ のとき，次の等式を満たす θ を求めよ。

(1) $\tan \theta = \dfrac{1}{\sqrt{3}}$

(2) $\tan \theta = -\dfrac{1}{\sqrt{3}}$

109b $0° \leqq \theta \leqq 180°$ のとき，次の等式を満たす θ を求めよ。

(1) $\tan \theta = \sqrt{3}$

(2) $\tan \theta = -1$

例 37 正弦定理（辺の長さ）

△ABC において，$a=4$，$A=30°$，$C=45°$ であるとき，c を求めよ。

解 正弦定理により

$$\frac{4}{\sin 30°} = \frac{c}{\sin 45°}$$

よって $c = \dfrac{4}{\sin 30°} \times \sin 45°$

$$= 4 \div \frac{1}{2} \times \frac{1}{\sqrt{2}} = 4\sqrt{2}$$

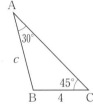

◆ **正弦定理（外接円の半径）**

110a
次の △ABC の外接円の半径 R を求めよ。

(1) $a=5$，$A=30°$

110b
次の △ABC の外接円の半径 R を求めよ。

(1) $b=3$，$B=60°$

(2) $b=\sqrt{3}$，$B=120°$

(2) $c=\sqrt{2}$，$C=135°$

 正弦定理

△ABC の外接円の半径を R とすると

$$\frac{a}{\sin A} = \frac{b}{\sin B} = \frac{c}{\sin C} = 2R$$

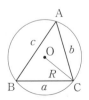

111a △ABC において，次の問いに答えよ。

(1) $b=2$, $A=30°$, $B=45°$ であるとき，a を求めよ。

(2) $b=4$, $B=45°$, $C=60°$ であるとき，c を求めよ。

(3) $c=\sqrt{2}$, $B=45°$, $C=120°$ であるとき，b を求めよ。

111b △ABC において，次の問いに答えよ。

(1) $b=\sqrt{2}$, $B=30°$, $C=45°$ であるとき，c を求めよ。

(2) $a=6$, $A=60°$, $C=45°$ であるとき，c を求めよ。

(3) $c=\sqrt{3}$, $A=30°$, $C=135°$ であるとき，a を求めよ。

38 余弦定理

例38 余弦定理（辺の長さ）

△ABC において，$b=7$，$c=4$，$A=60°$ であるとき，a を求めよ。

> **ポイント！**
> 与えられた条件を余弦定理に代入する。

(解) 余弦定理により

$$a^2 = b^2 + c^2 - 2bc\cos A$$
$$= 7^2 + 4^2 - 2\cdot7\cdot4\cos60°$$
$$= 49 + 16 - 2\cdot7\cdot4\cdot\frac{1}{2} = 37$$

$a > 0$ であるから $\boldsymbol{a = \sqrt{37}}$

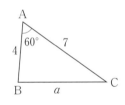

◆ 余弦定理（辺の長さ）

112a △ABC において，次の問いに答えよ。

(1) $b=2\sqrt{3}$，$c=6$，$A=30°$ であるとき，a を求めよ。

112b △ABC において，次の問いに答えよ。

(1) $a=5$，$c=2\sqrt{2}$，$B=45°$ であるとき，b を求めよ。

(2) $a=\sqrt{2}$，$c=3$，$B=135°$ であるとき，b を求めよ。

(2) $a=2$，$b=3$，$C=120°$ であるとき，c を求めよ。

基本事項 余弦定理

△ABC において

$$a^2 = b^2 + c^2 - 2bc\cos A \qquad b^2 = c^2 + a^2 - 2ca\cos B \qquad c^2 = a^2 + b^2 - 2ab\cos C$$

$$\cos A = \frac{b^2+c^2-a^2}{2bc} \qquad \cos B = \frac{c^2+a^2-b^2}{2ca} \qquad \cos C = \frac{a^2+b^2-c^2}{2ab}$$

◆ 余弦定理（角の大きさ）

113a △ABC において，次の問いに答えよ。

(1) $a=7$，$b=3$，$c=8$ であるとき，A を求めよ。

(2) $a=\sqrt{3}$，$b=1$，$c=1$ であるとき，B を求めよ。

(3) $a=1$，$b=\sqrt{3}$，$c=\sqrt{7}$ であるとき，C を求めよ。

113b △ABC において，次の問いに答えよ。

(1) $a=7$，$b=3$，$c=5$ であるとき，A を求めよ。

(2) $a=\sqrt{2}$，$b=\sqrt{5}$，$c=3$ であるとき，B を求めよ。

(3) $a=\sqrt{2}$，$b=1$，$c=\sqrt{5}$ であるとき，C を求めよ。

例 39 3辺の長さが与えられたときの三角形の面積

$\triangle ABC$ において，$a=3$，$b=7$，$c=8$ であるとき，次のものを求めよ。

(1) $\cos B$ の値　　(2) $\sin B$ の値　　(3) $\triangle ABC$ の面積 S

 ポイント!

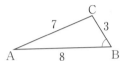

$a=3$，$b=7$，$c=8$

$\Downarrow$　$\cos B = \dfrac{c^2+a^2-b^2}{2ca}$ を利用

$\cos B$

$\Downarrow$　$\sin^2 A + \cos^2 B = 1$ を利用

$\sin B$

$\Downarrow$　$S = \dfrac{1}{2} ca \sin B$ を利用

S

(解) (1) 余弦定理により　　$\cos B = \dfrac{8^2+3^2-7^2}{2\cdot 8\cdot 3} = \dfrac{1}{2}$

(2) $\sin^2 B + \cos^2 B = 1$ より　　$\sin^2 B = 1 - \cos^2 B$

$\cos B = \dfrac{1}{2}$ より　　$\sin^2 B = 1 - \left(\dfrac{1}{2}\right)^2 = \dfrac{3}{4}$

$\sin B > 0$ であるから　　$\sin B = \sqrt{\dfrac{3}{4}} = \dfrac{\sqrt{3}}{2}$

(3) $S = \dfrac{1}{2} ca \sin B = \dfrac{1}{2}\cdot 8\cdot 3\cdot\dfrac{\sqrt{3}}{2} = 6\sqrt{3}$

◆ 三角形の面積

114a 次の $\triangle ABC$ の面積 S を求めよ。

(1) $b=2$，$c=5$，$A=60°$

(2) $a=3$，$c=1$，$B=30°$

(3) $a=4$，$b=5$，$C=135°$

114b 次の $\triangle ABC$ の面積 S を求めよ。

(1) $b=3$，$c=4$，$A=150°$

(2) $a=2$，$c=6$，$B=120°$

(3) $a=1$，$b=\sqrt{2}$，$C=45°$

 基本事項 三角形の面積

$\triangle ABC$ の面積を S とすると

$S = \dfrac{1}{2} bc \sin A$　　　$S = \dfrac{1}{2} ca \sin B$　　　$S = \dfrac{1}{2} ab \sin C$

115a △ABC において，$a=2$，$b=3$，$c=4$ であるとき，次のものを求めよ。

(1) $\cos A$ の値

(2) $\sin A$ の値

(3) △ABC の面積 S

115b △ABC において，$a=6$，$b=7$，$c=8$ であるとき，次のものを求めよ。

(1) $\cos C$ の値

(2) $\sin C$ の値

(3) △ABC の面積 S

40 集合

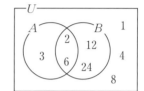

例 40 共通部分と和集合，全体集合と補集合

全体集合を $U=\{x \mid x$ は 24 の正の約数$\}$ とする。

$$A=\{2,\ 3,\ 6\}, \qquad B=\{2,\ 6,\ 12,\ 24\}$$

について，次の集合を求めよ。

(1) $A \cap B$　(2) $A \cup B$　(3) $\overline{A}$　(4) $\overline{A \cup B}$

ポイント！

(3) U の要素であって，A の要素でないものをさがす。

(4) (2)を利用する。

解
(1) $A \cap B=\{2,\ 6\}$

(2) $A \cup B=\{2,\ 3,\ 6,\ 12,\ 24\}$

(3) $U=\{1,\ 2,\ 3,\ 4,\ 6,\ 8,\ 12,\ 24\}$ であるから
$\overline{A}=\{1,\ 4,\ 8,\ 12,\ 24\}$

(4) (2)から　$\overline{A \cup B}=\{1,\ 4,\ 8\}$

◆ **集合の表し方**

116a 次の集合を，要素を書き並べる方法で表せ。

(1) 1桁の正の奇数の集合 A

(2) $B=\{x \mid x$ は30以下の自然数で 4 の倍数$\}$

116b 次の集合を，要素を書き並べる方法で表せ。

(1) 28の正の約数の集合 A

(2) $B=\{x \mid x$ は $x^2=9$ を満たす数$\}$

◆ **部分集合**

117a 集合 $A=\{1, 2, 3, 5, 6, 10, 15, 30\}$ の部分集合を次の集合からすべて選び，記号 $\subset$ を用いて表せ。

$P=\{5,\ 10\}$,

$Q=\{1,\ 3,\ 6,\ 15\}$,

$R=\{3,\ 6,\ 9,\ 15,\ 30\}$

117b 集合 $A=\{x \mid x$ は24の正の約数$\}$ の部分集合を次の集合からすべて選び，記号 $\subset$ を用いて表せ。

$P=\{1,\ 2,\ 3,\ 4,\ 5\}$,

$Q=\{x \mid x$ は12の正の約数$\}$,

$R=\{x \mid x$ は10以上20以下の 4 の倍数$\}$

基本事項 集合

① 集合を表すには，次の 2 つの方法がある。
　(ア) $\{\ \}$ の中に要素を書き並べる。　　　　(イ) $\{\ \}$ の中に要素の満たす条件を書く。

② 集合 A の要素がすべて集合 B の要素になっているとき，A は B の部分集合であるといい，$A \subset B$ で表す。

③ 集合 A と B の両方に属する要素の集合を A と B の共通部分といい，$A \cap B$ で表す。

④ 集合 A と B の少なくとも一方に属する要素の集合を A と B の和集合といい，$A \cup B$ で表す。

⑤ 1つの集合 U を考え，その部分集合を A とするとき，U の要素であって A の要素でないものの集合を A の補集合といい，$\overline{A}$ で表す。最初に考えた集合 U を全体集合という。

◆ 共通部分と和集合

118a 次の集合 A, B について, $A \cap B$ と $A \cup B$ を求めよ。

(1) $A = \{2, 4, 6\}$,
$B = \{1, 2, 3, 4, 5\}$

(2) $A = \{x \mid x$ は 1 桁の正の偶数$\}$,
$B = \{x \mid x$ は12の正の約数$\}$

118b 次の集合 A, B について, $A \cap B$ と $A \cup B$ を求めよ。

(1) $A = \{1, 5, 9\}$,
$B = \{3, 6, 7, 12, 15\}$

(2) $A = \{x \mid x$ は20の正の約数$\}$,
$B = \{x \mid x$ は30の正の約数$\}$

◆ 全体集合と補集合

119a 全体集合を
$U = \{1, 3, 4, 5, 6, 7, 9, 10\}$ とする。
$A = \{1, 4, 7, 10\}$,
$B = \{3, 4, 10\}$
について, 次の集合を求めよ。

(1) $\overline{A}$

(2) $\overline{B}$

(3) $\overline{A \cup B}$

119b 全体集合
$U = \{x \mid x$ は15以下の自然数$\}$ の部分集合
$A = \{x \mid x$ は正の偶数$\}$,
$B = \{x \mid x$ は 3 の正の倍数$\}$
について, 次の集合を求めよ。

(1) $\overline{A}$

(2) $\overline{B}$

(3) $\overline{A \cap B}$

例 41 命題の真偽

x は実数，n は自然数とする。次の命題の真偽を調べよ。偽であるものは反例を示せ。

(1) $x=-3 \Longrightarrow x^2=9$　　(2) $x>-1 \Longrightarrow x>-2$

(3) n が16の正の約数ならば，n は 4 の正の約数である。

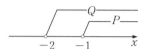
条件が不等式で表されているときは，条件を満たす集合の関係を調べるとよい。

(解) (1) $x=-3$ ならば，$x^2=(-3)^2=9$ であるから，**真**である。

(2) $P=\{x \mid x>-1\}$，$Q=\{x \mid x>-2\}$

とすると，$P \subset Q$ であるから，**真**である。

(3) **偽**である。反例は $n=8$

◆命題の真偽

120a x は実数とする。次の命題の真偽を調べよ。偽であるものは反例を示せ。

(1) $x=-2 \Longrightarrow x^2=4$

(2) $x^2-6x=0 \Longrightarrow x=6$

(3) $x^2>0 \Longrightarrow x>0$

120b x，a，b は実数とする。次の命題の真偽を調べよ。偽であるものは反例を示せ。

(1) $x^2=4 \Longrightarrow x=-2$

(2) $x^2-2x+1=0 \Longrightarrow x=1$

(3) $a^2>b^2 \Longrightarrow a>b$

基本事項 命題と集合

条件 p，q を満たすものの集合をそれぞれ P，Q とすると，次の①と②は同じことである。

① 命題「$p \Longrightarrow q$」が真である。　　② $P \subset Q$ が成り立つ。

◆命題の真偽

121a x は実数，n は自然数とする。次の命題の真偽を，集合の関係を利用して調べよ。偽である命題については反例を示せ。

(1)　$x > 2 \implies x > 4$

(2)　$x \leqq -2 \implies x \leqq 0$

(3)　n が12の正の約数ならば，n は36の正の約数である。

121b x は実数，n は自然数とする。次の命題の真偽を，集合の関係を利用して調べよ。偽である命題については反例を示せ。

(1)　$x < 3 \implies x < 0$

(2)　$x \geqq -3 \implies x \geqq -6$

(3)　n が20の正の約数ならば，n は30の正の約数である。

例 42 必要条件・十分条件

x は実数とする。次の □ に，十分，必要，必要十分のうち，最も適切なものを入れよ。

(1) $x=1$ は，$x^2=x$ であるための □ 条件である。

(2) $x>0$ は，$x>3$ であるための □ 条件である。

(3) $x^2=4$ は，$x=\pm2$ であるための □ 条件である。

> **ポイント!**
> $p \Longrightarrow q$ の形に書きなおし，「$p \Longrightarrow q$」，「$q \Longrightarrow p$」の真偽を調べる。

解

(1) 「$x=1 \Longrightarrow x^2=x$」は真である。

「$x^2=x \Longrightarrow x=1$」は偽である。反例は $x=0$

よって，$x=1$ は，$x^2=x$ であるための 十分 条件である。

$\leftarrow x^2=x$ から $x(x-1)=0$
　よって　$x=0,\ 1$

(2) 「$x>0 \Longrightarrow x>3$」は偽である。反例は $x=1$

「$x>3 \Longrightarrow x>0$」は真である。

よって，$x>0$ は，$x>3$ であるための 必要 条件である。

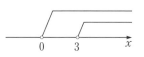

(3) 「$x^2=4 \Longrightarrow x=\pm2$」，「$x=\pm2 \Longrightarrow x^2=4$」はともに真である。

よって，$x^2=4$ は，$x=\pm2$ であるための 必要十分 条件である。

◆ 必要条件・十分条件

122a　x は実数とする。

次の □ に，十分，必要のいずれかを入れよ。

$x=5$ は，$x^2=25$ であるための

ア □ 条件である。

$x^2=25$ は，$x=5$ であるための

イ □ 条件である。

122b　x は実数とする。

次の □ に，十分，必要のいずれかを入れよ。

$x<3$ は，$x<1$ であるための

ア □ 条件である。

$x<1$ は，$x<3$ であるための

イ □ 条件である。

基本事項　必要条件・十分条件

① 命題「$p \Longrightarrow q$」が真であるとき，

p は，q であるための**十分条件**である。

q は，p であるための**必要条件**である。

② 命題「$p \Longrightarrow q$」，「$q \Longrightarrow p$」がともに真であるとき，

p は，q であるための**必要十分条件**である。

> 「$p \Longrightarrow q$」が真のとき
> $p \quad \Longrightarrow \quad q$
> 十分条件　　　必要条件

◆ 必要条件・十分条件

123a x, y, zは実数，nは自然数とする。次の□に，十分，必要，必要十分のうち，最も適切なものを入れよ。

(1) $x^2+3x+2=0$ は，$x=-1$ であるための □ 条件である。

(2) $x=y$ は，$x-z=y-z$ であるための □ 条件である。

(3) $x>0$ かつ $y<0$ は，$xy<0$ であるための □ 条件である。

(4) n が 8 の約数であることは，n が16の約数であるための □ 条件である。

123b x, yは実数，nは自然数とする。次の□に，十分，必要，必要十分のうち，最も適切なものを入れよ。

(1) $x=-2$ は，$x^2=4$ であるための □ 条件である。

(2) $x<-3$ は，$x<-5$ であるための □ 条件である。

(3) $xy=0$ は，$x=0$ または $y=0$ であるための □ 条件である。

(4) n が 4 の倍数であることは，n が 8 の倍数であるための □ 条件である。

例 43 否定，逆・裏・対偶

(1) x, y は実数とする。次の条件の否定を述べよ。

 ① $x=0$ または $y=0$ ② $x>-2$ かつ $y<2$

(2) x は実数とする。命題「$x≧4 \implies x≧1$」の逆，裏，対偶を述べ，それらの真偽を調べよ。

解 (1) ① $x≠0$ かつ $y≠0$

  ② $x≦-2$ または $y≧2$

 (2) 逆は「$x≧1 \implies x≧4$」であり，これは偽である。

  反例は $x=2$

  裏は「$x<4 \implies x<1$」であり，これは偽である。

  反例は $x=2$

  対偶は「$x<1 \implies x<4$」であり，これは真である。

← 「$x=0$ または $y=0$」
 $\iff$「$\overline{x=0}$ かつ $\overline{y=0}$」

← $x≧4$ の否定は $x<4$

◆ 条件の否定

124a x は実数とする。
次の条件の否定を述べよ。

(1) $x>7$

(2) $x≦-2$

(3) $x=-1$

124b x は実数とする。
次の条件の否定を述べよ。

(1) $x<-5$

(2) $x≧0$

(3) $x≠3$

基本事項

(1) 「かつ」，「または」の否定
 $\overline{p かつ q} \iff \overline{p}$ または $\overline{q}$ $\overline{p または q} \iff \overline{p}$ かつ $\overline{q}$

(2) 逆・裏・対偶
 命題「$p \implies q$」に対して，
  命題「$q \implies p$」を逆， 命題「$\overline{p} \implies \overline{q}$」を裏， 命題「$\overline{q} \implies \overline{p}$」を対偶
 という。

(3) 逆・裏・対偶の真偽
 ① 真である命題の逆や裏は，真であるとは限らない。
 ② 命題「$p \implies q$」とその対偶「$\overline{q} \implies \overline{p}$」の真偽は一致する。

◆「かつ」，「または」の否定

125a x, y は実数とする。
次の条件の否定を述べよ。

(1) $x \leqq 0$ かつ $y \leqq 0$

(2) $x > 1$ または $y > -2$

125b x, y は実数とする。
次の条件の否定を述べよ。

(1) $x = -2$ または $y = -5$

(2) $x \geqq -1$ かつ $y < 3$

◆逆・裏・対偶とその真偽

126a x は実数とする。
命題「$x > 3 \implies x > 1$」の逆，裏，対偶を述べ，
それらの真偽を調べよ。

126b x は実数とする。
命題「$x \leqq 4 \implies x < 1$」の逆，裏，対偶を述べ，
それらの真偽を調べよ。

例 **44** いろいろな証明法

(1) n は自然数とする。次の命題を，対偶を利用して証明せよ。

$\qquad (n+1)^2$ が偶数ならば，n は奇数である。

(2) $\sqrt{3}$ が無理数であることを用いて，$\sqrt{3}-1$ が無理数であることを，背理法を利用して証明せよ。

ポイント！

(1) 対偶が真であることを示す。

(2) $\sqrt{3}-1$ が無理数でない，すなわち有理数であると仮定して矛盾を導く。

解 (1) この命題の対偶

「n が偶数ならば，$(n+1)^2$ は奇数である。」を証明する。

n が偶数ならば，n は自然数 k を用いて $n=2k$ と表すことができる。このとき

$\qquad (n+1)^2=(2k+1)^2=4k^2+4k+1=2(2k^2+2k)+1$

$2k^2+2k$ は自然数であるから，$(n+1)^2$ は奇数である。

対偶が真であるから，もとの命題も真である。

← n が奇数のときは，0 以上の整数 k を用いて，$n=2k+1$ と表すことができる。

(2) $\sqrt{3}-1$ が無理数でないと仮定すると，$\sqrt{3}-1$ は有理数であるから，有理数 a を用いて $\sqrt{3}-1=a$ と表すことができる。これを変形すると $\sqrt{3}=a+1$

a は有理数であるから，右辺の $a+1$ は有理数である。

これは左辺の $\sqrt{3}$ が無理数であることに矛盾する。

したがって，$\sqrt{3}-1$ は無理数である。

← 実数は，有理数か無理数のどちらかである。

← (有理数)＋(有理数)＝(有理数)

◆ 対偶の利用

127a n は自然数とする。

次の命題を，対偶を利用して証明せよ。

$\qquad n^3$ が奇数ならば，n は奇数である。

127b n は自然数とする。

次の命題を，対偶を利用して証明せよ。

$\qquad n^2-1$ が奇数ならば，n は偶数である。

基本
事項
背理法
ある命題が成り立つことを証明するために，その命題が成り立たないと仮定して推論を進め，矛盾を導く証明法を背理法という。

◆背理法

128a $\sqrt{2}$ が無理数であることを用いて，$\sqrt{2}+1$ が無理数であることを，背理法を利用して証明せよ。

128b $\sqrt{3}$ が無理数であることを用いて，$2\sqrt{3}$ が無理数であることを，背理法を利用して証明せよ。

例 45 度数分布表と平均値・最頻値

右の表は，男子20人の身長をまとめた
ものである。

(1) ヒストグラムをかけ。

(2) 身長の平均値と最頻値を求めよ。

階級(cm)	階級値 x(cm)	度数 f(人)	xf
158以上～162未満	160	1	160
162　～166	164	3	492
166　～170	168	5	840
170　～174	172	2	344
174　～178	176	6	1056
178　～182	180	3	540
合　計		20	3432

(解) (1) ヒストグラムは右の図のようになる。

(2) 表から，平均値は $\dfrac{3432}{20}=171.6$

度数が最も大きい階級は174cm以上
178cm未満であるから，最頻値はその
階級値の176cmである。

答 平均値は **171.6cm**，最頻値は **176cm**

度数(人)

身長(cm)

◆ 代表値

129a 7回のテストの得点は

2, 3, 4, 4, 4, 9, 9（点）

であった。次の問いに答えよ。

(1) 平均値を求めよ。

(2) 最頻値を求めよ。

(3) 中央値を求めよ。

129b 8回のテストの得点は

2, 3, 4, 4, 6, 7, 7, 7（点）

であった。次の問いに答えよ。

(1) 平均値を求めよ。

(2) 最頻値を求めよ。

(3) 中央値を求めよ。

基本事項

(1) 平均値 $\overline{x}$

① 変量 x の n 個のデータの値が x_1, x_2, $\cdots$, x_n のとき　$\overline{x}=\dfrac{変量の値の合計}{変量の値の個数}=\dfrac{x_1+x_2+\cdots+x_n}{n}$

② 度数分布表が与えられた場合
階級値 x と度数 f の積 xf を求めて，その合計を度数の総和で割って得られる値を平均値とする。

(2) 最頻値

① データのうちで最も多く現れる値を最頻値という。

② 度数分布表が与えられた場合，度数が最も大きい階級の階級値を最頻値とする。

(3) 中央値

データの値を小さい順に並べたとき，中央にくる値を中央値という。

ただし，データの値の個数が偶数のときは，中央に並ぶ2つの値の平均値を中央値とする。

◆度数分布表と平均値・最頻値

130a 右の表は，女子20人のハンドボール投げの記録をまとめたものである。

(1) 表を完成し，ヒストグラムをかけ。

(2) 平均値と最頻値を求めよ。

階級(m)	階級値 x(m)	度数 f(人)	xf
9以上〜11未満		2	
11 〜13		1	
13 〜15		5	
15 〜17		8	
17 〜19		3	
19 〜21		1	
合 計		20	

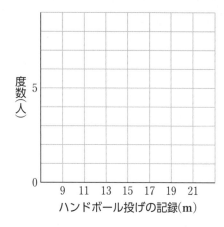

ハンドボール投げの記録(m)

130b 右の表は，男子20人の反復横跳びの記録をまとめたものである。

(1) 表を完成し，ヒストグラムをかけ。

(2) 平均値と最頻値を求めよ。

階級(回)	階級値 x(回)	度数 f(人)	xf
36以上〜40未満		1	
40 〜44		1	
44 〜48		4	
48 〜52		7	
52 〜56		5	
56 〜60		2	
合 計		20	

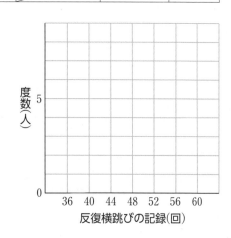

反復横跳びの記録(回)

5章……データの分析

例 46 範囲，四分位数，四分位範囲と四分位偏差

10個の値 1, 2, 2, 2, 3, 3, 5, 6, 7, 9 について，次の問いに
答えよ。

(1) 範囲を求めよ。　　　　(2) 四分位数 Q_1, Q_2, Q_3 を求めよ。

(3) 四分位範囲と四分位偏差を求めよ。

ポイント!

(2) 中央値によって前半部分と
後半部分に分ける。

(解) (1) $9 - 1 = 8$ ← 最大値 9，最小値 1

(2) $Q_1 = 2$, $Q_2 = \dfrac{3+3}{2} = 3$, $Q_3 = 6$

← ① ② ② ② ③ ┊ ③ ⑤ ⑥ ⑦ ⑨
　　　　↑　　　↑　　　↑
　　　Q_1　　Q_2　　Q_3

(3) (2)より，四分位範囲は　$Q_3 - Q_1 = 6 - 2 = 4$

四分位偏差は　$\dfrac{Q_3 - Q_1}{2} = \dfrac{4}{2} = 2$

◆ 範囲

131a 次のデータについて，範囲を求めよ。

(1) 1, 2, 3, 3, 4, 5, 5

(2) 5, 1, 18, 12, 8, 20, 15

131b 次のデータについて，範囲を求めよ。

(1) 3, 3, 4, 4, 7, 8, 8

(2) 26, 31, 54, 20, 23, 45, 63, 19, 52, 61

◆ 四分位数

132a 次のデータについて，四分位数 Q_1, Q_2, Q_3 を求めよ。

(1) 2, 2, 2, 3, 4, 4, 5

(2) 1, 2, 3, 3, 5, 7, 8, 10, 10, 12

132b 次のデータについて，四分位数 Q_1, Q_2, Q_3 を求めよ。

(1) 1, 2, 4, 6, 8, 8, 9, 9, 10

(2) 1, 2, 2, 2, 4, 7, 11, 13

基本事項

(1) 範囲＝最大値－最小値

(2) 四分位数　データの値を小さい順に並べ，中央値を境にして 2 つの部分に分ける。
データの値の個数が奇数のときは，中央値を 1 つ除いてから，データの前半部分
と後半部分を考える。このとき，最小値を含む前半部分の中央値を第 1 四分位数，
中央値を第 2 四分位数，最大値を含む後半部分の中央値を第 3 四分位数といい，
それぞれ Q_1, Q_2, Q_3 で表す。

(3) 四分位範囲＝$Q_3 - Q_1$，　四分位偏差＝$\dfrac{Q_3 - Q_1}{2}$

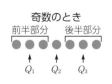

奇数のとき
前半部分　後半部分
● ● ● ● ● ● ●
　↑　　　↑　　　↑
　Q_1　　Q_2　　Q_3

偶数のとき
前半部分 後半部分
● ● ● ┊ ● ● ●
　↑　　↑　　↑
　Q_1　Q_2　Q_3

133a 次のデータについて，四分位範囲と四分位偏差を求めよ。

(1) 1, 2, 6, 8, 10, 18, 21, 23, 30

(2) 30, 40, 15, 35, 12, 17, 20

133b 次のデータについて，四分位範囲と四分位偏差を求めよ。

(1) 22, 25, 31, 34, 39, 45, 68, 75, 87, 93

(2) 8, 10, 4, 0, 2, 4, 6, 11

例 47 箱ひげ図

右の2つのデータA，Bについて，それぞれの箱ひげ図をかき，データの散らばり具合を比べよ。

データA	1	2	4	4	6	8	8	14	15
データB	3	5	5	6	8	8	9	9	12

(解) データA，Bについて箱ひげ図をかくと，右のようになる。

箱ひげ図全体の横幅や箱の横幅がデータBの方が短いから，**データBの方が散らばり具合が小さい**と考えられる。

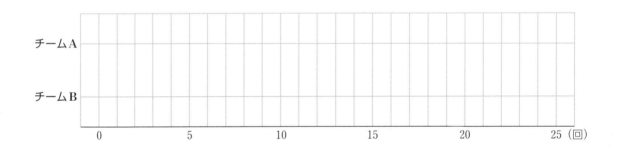

◆ 箱ひげ図

134a 次のデータは，2つのチームA，Bの10人の選手について，腕立てふせの回数を記録したものである。それぞれの箱ひげ図をかけ。また，データの散らばり具合が小さいのはどちらといえるか。

チームA（回）	20	15	17	18	23	18	22	20	17	15
チームB（回）	16	11	20	16	15	22	15	18	25	12

基本事項

(1) 箱ひげ図

最小値，第1四分位数，中央値（第2四分位数），第3四分位数，最大値を用いて，右のように中央値で仕切られた箱のような長方形とその両端から伸びるひげのような線で表された図。

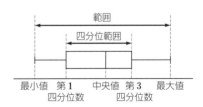

(2) 外れ値

箱ひげ図の箱の両端から四分位範囲の1.5倍よりも外側に離れている値。ひげの外に「×」などでかく。

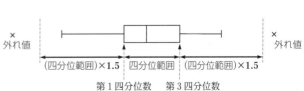

134b 次のデータは，2つの都市A，Bのある年の月間最低気温を記録したものである。それぞれの箱ひげ図をかけ。また，データの散らばり具合が小さいのはどちらといえるか。

	1月	2月	3月	4月	5月	6月	7月	8月	9月	10月	11月	12月
都市A (℃)	1	0	3	7	9	13	19	20	15	12	6	1
都市B (℃)	13	11	11	15	17	24	25	25	24	19	14	13

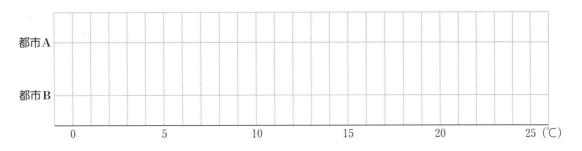

◆外れ値

135a 次のデータについて，外れ値があれば求めて，箱ひげ図をかけ。

0，5，5，7，8，8，9，9，10，18

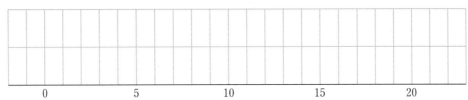

135b 次のデータについて，外れ値があれば求めて，箱ひげ図をかけ。

4，8，10，11，11，12，13，13，13，15，21

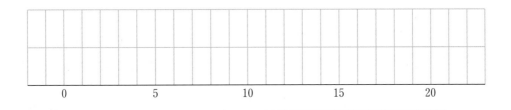

ヒント 135 （四分位範囲）×1.5 を求める。

例 48 分散，標準偏差

5個の値 1, 4, 5, 7, 13 について，分散 s^2 と標準偏差 s を求めよ。

まず平均値を求め，分散を計算する。標準偏差は分散の正の平方根である。

(解) 平均値 $\overline{x}$ は $\overline{x} = \dfrac{1+4+5+7+13}{5} = 6$（点）

であるから，各変量の偏差はそれぞれ

$$-5, \quad -2, \quad -1, \quad 1, \quad 7$$

である。

よって，分散は $s^2 = \dfrac{(-5)^2+(-2)^2+(-1)^2+1^2+7^2}{5} = \dfrac{80}{5} = \mathbf{16}$

したがって，標準偏差は $s = \sqrt{16} = \mathbf{4}$

◆偏差

136a 5個のデータ 1, 3, 4, 5, 7 について，次の問いに答えよ。

(1) 平均値を求めよ。

136b 次のデータは，生徒5人の通学時間である。

$$10, \quad 16, \quad 18, \quad 24, \quad 27 \text{（分）}$$

(1) 平均値を求めよ。

(2) 各変量の偏差を求めよ。

(2) 各変量の偏差を求めよ。

(3) 偏差の合計が0になることを確かめよ。

(3) 偏差の合計が0になることを確かめよ。

基本事項

変量 x の n 個の値 $x_1, x_2, \cdots\cdots, x_n$ の平均値が $\overline{x}$ のとき

① 分散 s^2　$s^2 = (偏差)^2 の平均値 = \dfrac{(偏差)^2 の合計}{変量の値の個数} = \dfrac{(x_1-\overline{x})^2+(x_2-\overline{x})^2+\cdots\cdots+(x_n-\overline{x})^2}{n}$

② 標準偏差 s　$s = \sqrt{分散} = \sqrt{\dfrac{(x_1-\overline{x})^2+(x_2-\overline{x})^2+\cdots\cdots+(x_n-\overline{x})^2}{n}}$

137a 次のデータは，生徒6人の小テストの結果である。得点 x の分散 s^2 と標準偏差 s を求めよ。

$$4,\ 6,\ 6,\ 7,\ 9,\ 10\ (点)$$

137b 次のデータは，生徒6人の反復横跳びの記録である。回数 x の分散 s^2 と標準偏差 s を求めよ。

$$40,\ 43,\ 45,\ 45,\ 48,\ 49\ (回)$$

49 データの相関

例 49 散布図

右の表は，生徒10人の身長と体重の記録である。身長を横軸，体重を縦軸として散布図をかき，どのような相関があるか調べよ。

番号	身長(cm)	体重(kg)
1	162	56
2	154	54
3	161	64
4	148	46
5	164	61
6	158	52
7	156	50
8	149	47
9	150	51
10	159	55

(解) 散布図は右の図のようになり，**正の相関がある**といえる。

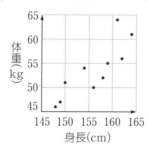

◆ 散布図

138a 次の表は，生徒 5 人に小テストを 2 回行ったときの得点の結果である。

生徒	A	B	C	D	E
1回目 x (点)	6	8	7	10	9
2回目 y (点)	6	10	7	9	8

(1) 1 回目の得点 x を横軸，2 回目の得点 y を縦軸にとり，散布図をかけ。

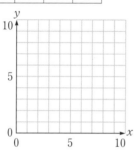

(2) 生徒Aの表す点について，x の偏差と y の偏差の積を求め，その符号を調べよ。

138b 次の表は，生徒 6 人に数学と国語の小テストを行ったときの得点の結果である。

生徒	A	B	C	D	E	F
数学 x (点)	3	4	1	2	6	8
国語 y (点)	8	5	7	6	1	3

(1) 数学の得点 x を横軸，国語の得点 y を縦軸にとり，散布図をかけ。

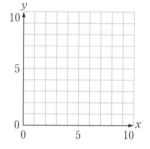

(2) 生徒Aの表す点について，x の偏差と y の偏差の積を求め，その符号を調べよ。

(3) x と y の間には，どのような相関があるといえるか。次の①～③の中から 1 つ選べ。
① 正の相関がある
② 負の相関がある
③ 相関がない

(3) x と y の間には，どのような相関があるといえるか。次の①～③の中から 1 つ選べ。
① 正の相関がある
② 負の相関がある
③ 相関がない

基本事項 相関係数 変量 x，y のデータの値の組 (x_1, y_1)，(x_2, y_2)，……，(x_n, y_n)において，x，y の平均値をそれぞれ $\overline{x}$，$\overline{y}$ とする。また，x，y の標準偏差を s_x，s_y とする。

① 共分散 s_{xy} $s_{xy} = \dfrac{(x_1-\overline{x})(y_1-\overline{y})+(x_2-\overline{x})(y_2-\overline{y})+\cdots\cdots+(x_n-\overline{x})(y_n-\overline{y})}{n}$

② 相関係数 r $r = \dfrac{x \text{と} y \text{の共分散}}{(x \text{の標準偏差}) \times (y \text{の標準偏差})} = \dfrac{s_{xy}}{s_x s_y}$

◆ 相関係数

139a 右の表は，138a のデータから作成したものである。表を完成し，1 回目の得点 x と 2 回目の得点 y の相関係数 r を求めよ。

生徒	x	y	$x-\overline{x}$	$y-\overline{y}$	$(x-\overline{x})^2$	$(y-\overline{y})^2$	$(x-\overline{x})(y-\overline{y})$
A	6	6					
B	8	10					
C	7	7					
D	10	9					
E	9	8					
合計							

139b 右の表は，138b のデータから作成したものである。表を完成し，数学の得点 x と国語の得点 y の相関係数 r を，小数第 3 位を四捨五入して求めよ。

生徒	x	y	$x-\overline{x}$	$y-\overline{y}$	$(x-\overline{x})^2$	$(y-\overline{y})^2$	$(x-\overline{x})(y-\overline{y})$
A	3	8					
B	4	5					
C	1	7					
D	2	6					
E	6	1					
F	8	3					
合計							

補充問題

1 〈乗法公式①〜③〉次の式を展開せよ。　▶ p.10 例 4

(1) $(x+2)^2$

(2) $(x+5y)^2$

(3) $(4x-1)^2$

(4) $(3x-2y)^2$

(5) $(x-2)(x+2)$

(6) $(2x+3y)(2x-3y)$

2 〈乗法公式④, ⑤〉次の式を展開せよ。　▶ p.12 例 5

(1) $(x+4)(x-6)$

(2) $(x-3y)(x+4y)$

(3) $(3x+4)(2x-1)$

(4) $(2x-3)(x-2)$

(5) $(x+2y)(3x+y)$

(6) $(3x+2y)(4x-3y)$

3 〈共通因数のくくり出し，因数分解の公式①～④〉次の式を因数分解せよ。　▶ p.14 例 6

(1)　$6x^2 - 9xy$

(2)　$(a-b)x - (a-b)$

(3)　$9x^2 - 12x + 4$

(4)　$16x^2 + 8xy + y^2$

(5)　$4x^2 - 1$

(6)　$9x^2 - 25y^2$

(7)　$x^2 + 8x + 7$

(8)　$x^2 - 11x + 18$

(9)　$x^2 + 4x - 12$

(10)　$x^2 - x - 20$

(11)　$x^2 + 4xy + 3y^2$

(12)　$x^2 - 9xy - 10y^2$

4 〈因数分解の公式⑤〉次の式を因数分解せよ。　▶ p.16 **例** **7**

(1)　$5x^2+11x+2$

(2)　$3x^2+10x+8$

(3)　$2x^2-7x+5$

(4)　$2x^2-9x+9$

(5)　$2x^2+x-1$

(6)　$6x^2+5x-6$

(7)　$3x^2-4x-4$

(8)　$2x^2-5x-12$

(9)　$3x^2+5xy+2y^2$

(10)　$6x^2-5xy+y^2$

(11)　$2x^2+11xy-6y^2$

(12)　$5x^2-8xy-4y^2$

5 〈根号を含む式の計算〉次の式を計算せよ。　▶ p.26 **例** 12

(1)　$\sqrt{2} - \sqrt{8} + \sqrt{18}$

(2)　$\sqrt{20} - \sqrt{5} + \sqrt{32} + \sqrt{2}$

(3)　$(2\sqrt{5} - \sqrt{3})(\sqrt{5} + \sqrt{3})$

(4)　$(2\sqrt{2} - 1)(\sqrt{2} - 2)$

(5)　$(\sqrt{5} + \sqrt{2})(\sqrt{5} - \sqrt{2})$

(6)　$(\sqrt{7} - \sqrt{5})^2$

6 〈分母の有理化〉次の式の分母を有理化せよ。　▶ p.28 **例** 13

(1)　$\dfrac{3}{\sqrt{6}}$

(2)　$\dfrac{12}{\sqrt{32}}$

(3)　$\dfrac{1}{2 + \sqrt{3}}$

(4)　$\dfrac{\sqrt{5} + \sqrt{2}}{\sqrt{5} - \sqrt{2}}$

7 〈1次不等式の解法〉次の1次不等式を解け。　▶ p.32 **例 15**

(1)　$7x - 8 > -1$

(2)　$1 - 2x \leqq -x$

(3)　$5x + 1 < 2x - 8$

(4)　$3x + 5 \geqq 1 - x$

(5)　$2x - 1 \leqq 7x - 3$

(6)　$-4x - 2 > x + 8$

(7)　$3(x - 2) \geqq -x + 2$

(8)　$x + 7 < -(2x - 3)$

(9)　$2(x + 8) > 5(x - 1)$

(10)　$4(1 - x) \leqq 3(2x + 1)$

8 〈平方完成〉次の 2 次関数を $y=a(x-p)^2+q$ の形に変形せよ。　▶ p.44 **例 21**

(1)　$y=x^2-4x+5$ 　　　　　　　　　　(2)　$y=x^2+6x+4$

(3)　$y=x^2+x-3$ 　　　　　　　　　　(4)　$y=x^2-3x+2$

(5)　$y=2x^2+4x+5$ 　　　　　　　　　(6)　$y=3x^2-12x-4$

(7)　$y=-x^2+4x+2$ 　　　　　　　　　(8)　$y=-2x^2-12x+1$

9 〈2次方程式の解〉次の2次方程式を解け。　▶ p.54 **例 26**

(1)　$x^2+7x+10=0$

(2)　$x^2-4x-21=0$

(3)　$2x^2+x=0$

(4)　$x^2-2x+1=0$

(5)　$3x^2-2x-1=0$

(6)　$6x^2+x-2=0$

(7)　$x^2+3x+1=0$

(8)　$2x^2-x-4=0$

(9)　$x^2-4x-6=0$

(10)　$3x^2+6x-2=0$

10 〈2次不等式〉次の2次不等式を解け。 ▶ p.60 例 29

(1) $x^2+2x-8<0$

(2) $x^2+6x+5\geqq0$

(3) $x^2+3x\leqq0$

(4) $x^2-4>0$

(5) $2x^2-x-6\geqq0$

(6) $3x^2-5x+1<0$

11 〈2次不等式〉次の2次不等式を解け。 ▶ p.62 例 30

(1) $x^2-4x+4>0$

(2) $x^2+8x+16\leqq0$

(3) $x^2+2x+5\geqq0$

(4) $x^2-4x+7<0$

解 答

● ウォーミングアップ

1 (1) -5 (2) -13 (3) 2
   (4) 5 (5) -12 (6) 3

2 (1) $-\dfrac{2}{7}$ (2) $\dfrac{1}{4}$ (3) $\dfrac{3}{4}$
   (4) $\dfrac{13}{10}$ (5) $\dfrac{17}{5}$ (6) $-\dfrac{4}{21}$
   (7) $\dfrac{4}{5}$ (8) -2

3 (1) -40 (2) 15 (3) 0
   (4) $\dfrac{5}{2}$ (5) $-\dfrac{8}{15}$ (6) $\dfrac{3}{2}$
   (7) -27 (8) -27 (9) 81

4 (1) -4 (2) 7 (3) 0
   (4) $\dfrac{6}{5}$ (5) $-\dfrac{2}{7}$ (6) $\dfrac{5}{2}$
   (7) 32 (8) $-\dfrac{3}{2}$

5 (1) 1 (2) 34 (3) 17
   (4) 18 (5) -16 (6) 17
   (7) $-\dfrac{1}{5}$ (8) 16

1a (1) xz (2) $4a^3$
   (3) $\dfrac{x}{7}$ (4) $3a^2b$

1b (1) $-2a$ (2) x^4
   (3) $\dfrac{a+b}{3}$ (4) $-xy^2$

2a (1) 次数は 4，係数は $7x^2$
   (2) 次数は 1，係数は $-a^3$

2b (1) 次数は 5，係数は $-3y^3$
   (2) 次数は 1，係数は a^2c

3a (1) $5x-2$ (2) $3x^2-x+2$
   (3) $3x^2-8x-1$

3b (1) $3x+2$ (2) $2x-3$ (3) $-x^2-x+2$

4a x に着目したとき
次数は 2，定数項は $y-6$
y に着目したとき
次数は 1，定数項は x^2-x-6

4b x に着目したとき
次数は 2，定数項は y^2-3y-3
y に着目したとき
次数は 2，定数項は x^2+x-3

5a (1) $A+B=4x^2-6x+8$
     $A-B=-2x^2+2x-2$
   (2) $A+B=x^2-2x+2$

$A-B=-3x^2-4x+10$

5b (1) $A+B=6x^2+4x-7$
     $A-B=-2x^2+6x-1$
   (2) $A+B=-2x^2-10$
     $A-B=4x^2-10x+4$

6a (1) $A+2B=3x^2-2x-10$
     $3A-B=2x^2-20x+19$
   (2) $A+2B=5x+4$
     $3A-B=7x^2+x+5$

6b (1) $-A+3B=2x^2-11x+7$
     $2A-3B=-x^2+13x-8$
   (2) $-A+3B=7x^2-8x-15$
     $2A-3B=-8x^2+13x+12$

7a (1) a^6 (2) a^8 (3) a^5b^5
7b (1) a^8 (2) a^{15} (3) a^6b^3
8a (1) $15x^3$ (2) $-6x^5$ (3) $4x^8$
8b (1) $6x^5$ (2) $4x^4$ (3) $-x^9$
9a (1) $2x^2-6x$ (2) $3x^3-6x^2+9x$
   (3) $6x^3-9x^2+15x$
9b (1) $-3x^3+6x^2$ (2) $-x^4-3x^3+4x^2$
   (3) $-12x^3+6x^2-4x$
10a (1) $2x^2+7x+3$ (2) $8x^2-6x-5$
   (3) x^3-5x^2+7x-2
10b (1) $3x^2-5x-2$ (2) $6x^2-11x+3$
   (3) $2x^3-3x^2-6x-2$
11a (1) $x^2+8x+16$ (2) $25x^2+10x+1$
   (3) $4x^2+12xy+9y^2$
11b (1) x^2+2x+1 (2) $16x^2+24x+9$
   (3) $9x^2+6xy+y^2$
12a (1) x^2-6x+9 (2) $4x^2-4x+1$
   (3) $x^2-8xy+16y^2$
12b (1) $x^2-10x+25$ (2) $9x^2-12x+4$
   (3) $9x^2-30xy+25y^2$
13a (1) x^2-1 (2) $4x^2-9$ (3) $25x^2-y^2$
13b (1) x^2-36 (2) $9x^2-1$ (3) $9x^2-16y^2$
14a (1) $x^2+7x+12$ (2) x^2+4x-5
   (3) $x^2-3xy-10y^2$ (4) $x^2-6xy+8y^2$
14b (1) $x^2-5x-14$ (2) $x^2-8x+12$
   (3) $x^2+4xy+3y^2$ (4) $x^2-4xy-21y^2$
15a (1) $2x^2+3x+1$ (2) $6x^2+x-12$
   (3) $2x^2-11x+15$ (4) $8x^2+22xy+15y^2$
   (5) $3x^2-xy-4y^2$ (6) $3x^2-7xy+2y^2$
15b (1) $5x^2+33x+18$ (2) $8x^2+10x-3$
   (3) $12x^2-17x+6$ (4) $6x^2+13xy+5y^2$
   (5) $20x^2+xy-y^2$ (6) $6x^2-17xy+12y^2$
16a (1) $c(a-3b+2ab)$ (2) $2x(2x+y)$

(3) $(a+2)(x+y)$

16b (1) $x(2x-1)$ (2) $ab(2a-b+3)$
(3) $(a-1)(x-3)$

17a (1) $(x+5)^2$ (2) $(2x-5)^2$ (3) $(3x+2y)^2$
17b (1) $(x+7)^2$ (2) $(2x-3)^2$ (3) $(4x-3y)^2$
18a (1) $(x+6)(x-6)$ (2) $(2x+3y)(2x-3y)$
18b (1) $(x+10)(x-10)$ (2) $(4x+5y)(4x-5y)$
19a (1) $(x+1)(x+2)$ (2) $(x-1)(x-3)$
(3) $(x+3)(x-2)$ (4) $(x+2)(x-5)$
19b (1) $(x+1)(x+6)$ (2) $(x-2)(x-5)$
(3) $(x-3)(x+5)$ (4) $(x+3)(x-4)$
20a (1) $(x+2y)(x+3y)$ (2) $(x-2y)(x+4y)$
20b (1) $(x-2y)(x-6y)$ (2) $(x+3y)(x-6y)$
21a (1) $(x+2)(2x+1)$

$2x^2+5x+2$

$$\begin{array}{ccccc} 1 & \diagdown\!\!\!\diagup & \boxed{2} & \longrightarrow & \boxed{4} \\ 2 & \diagup\!\!\!\diagdown & \boxed{1} & \longrightarrow & \boxed{1} \\ & & & & \overline{5} \end{array}$$

(2) $(x-1)(3x-2)$
(3) $(x+2)(2x+3)$
(4) $(2x-1)(2x-3)$
21b (1) $(x+1)(3x+5)$

$3x^2+8x+5$

$$\begin{array}{ccccc} 1 & \diagdown\!\!\!\diagup & \boxed{1} & \longrightarrow & \boxed{3} \\ 3 & \diagup\!\!\!\diagdown & \boxed{5} & \longrightarrow & \boxed{5} \\ & & & & \overline{8} \end{array}$$

(2) $(x-2)(5x-1)$
(3) $(x+3)(3x+4)$
(4) $(2x-1)(3x-2)$
22a (1) $(x+2)(2x-1)$ (2) $(x+2)(2x-3)$
(3) $(2x-1)(2x+3)$ (4) $(2x-3)(3x+4)$
22b (1) $(x-2)(3x+1)$ (2) $(x-2)(5x+3)$
(3) $(2x-3)(3x+1)$ (4) $(3x-2)(3x+5)$
23a (1) $(x+y)(3x+y)$ (2) $(2x+3y)(3x-y)$
23b (1) $(x-2y)(2x-3y)$ (2) $(3x-2y)(3x+4y)$
24a (1) $a^2+2ab+b^2-a-b-6$
(2) $a^2+2ab+b^2-4$
24b (1) $a^2-2ab+b^2-3a+3b+2$
(2) $a^2-2ab+b^2-9$
25a $a^2+2ab+b^2+2a+2b+1$
25b $a^2+b^2+c^2+2ab-2bc-2ca$
26a (1) $(a-3)(x-1)$ (2) $(a-b)(x-y)$
26b (1) $(a-2)(x+3)$ (2) $(x-3)(2a+b)$
27a (1) $(x+y+1)(x+y+2)$
(2) $(2x+y+4)(2x+y-4)$
27b (1) $(x-y+2)^2$
(2) $(x+y+1)(3x+3y+4)$
28a (1) $(x-2)(x+y+2)$ (2) $(a+c)(a+b-c)$
28b (1) $(a+1)(a-1)(b+1)$
(2) $(x+2y)(x+2y+z)$
29a (1) $(x+2y-3)(x+y-1)$
(2) $(x+y+2)(x+2y-1)$

(3) $(x-y-2)(x+2y-1)$
29b (1) $(x-3y-2)(x+y+1)$
(2) $(x-y+1)(x-2y-3)$
(3) $(x+y+1)(x-3y+2)$
30a (1) $\dfrac{1}{9}=0.\dot{1}$ (2) $\dfrac{2}{11}=0.\dot{1}\dot{8}$
30b (1) $\dfrac{1}{6}=0.1\dot{6}$ (2) $\dfrac{8}{27}=0.\dot{2}9\dot{6}$
31a (1) $0.\dot{8}=\dfrac{8}{9}$ (2) $0.\dot{2}\dot{3}=\dfrac{23}{99}$
31b (1) $0.\dot{6}=\dfrac{2}{3}$ (2) $0.\dot{7}\dot{2}=\dfrac{8}{11}$
32a (1) 6 (2) 1
(3) $3-\sqrt{7}$ (4) 8
32b (1) 4 (2) 7
(3) $4-\pi$ (4) -4
33a (1) $\sqrt{2}$ と $-\sqrt{2}$ (2) 4 と -4
33b (1) $\sqrt{5}$ と $-\sqrt{5}$ (2) 7 と -7
34a (1) 3 (2) 5
34b (1) 7 (2) 10
35a (1) $\sqrt{15}$ (2) $\sqrt{3}$
35b (1) $\sqrt{14}$ (2) $\sqrt{3}$
36a (1) $2\sqrt{3}$ (2) $3\sqrt{3}$
36b (1) $2\sqrt{7}$ (2) $5\sqrt{6}$
37a (1) $3\sqrt{5}$ (2) $2\sqrt{15}$
37b (1) $7\sqrt{3}$ (2) $4\sqrt{6}$
38a (1) $3\sqrt{2}$ (2) $\sqrt{5}$
(3) $-\sqrt{3}+4\sqrt{2}$ (4) $2\sqrt{2}+5\sqrt{3}$
38b (1) $3\sqrt{3}$ (2) $5\sqrt{3}$
(3) $-\sqrt{5}+2\sqrt{2}$ (4) $-2\sqrt{3}-\sqrt{5}$
39a (1) $-3-2\sqrt{6}$ (2) $9-10\sqrt{2}$
(3) 2 (4) $5-2\sqrt{6}$
39b (1) $21+7\sqrt{15}$ (2) $\sqrt{3}$
(3) -13 (4) $8+4\sqrt{3}$
40a (1) $\dfrac{\sqrt{3}}{3}$ (2) $\dfrac{3\sqrt{5}}{10}$ (3) $\dfrac{\sqrt{5}}{2}$
40b (1) $\dfrac{\sqrt{15}}{3}$ (2) $3\sqrt{2}$ (3) $\dfrac{\sqrt{3}}{4}$
41a (1) $\dfrac{\sqrt{6}-\sqrt{2}}{4}$ (2) $\dfrac{3+\sqrt{3}}{2}$
(3) $2-\sqrt{3}$ (4) $5+2\sqrt{6}$
41b (1) $\dfrac{3(\sqrt{5}+\sqrt{3})}{2}$ (2) $\sqrt{6}-2$
(3) $9+4\sqrt{5}$ (4) $\dfrac{5-\sqrt{21}}{2}$
42a (1) $2x-7\geqq5$ (2) $50x<200$
42b (1) $3x>x+10$ (2) $2x+200\leqq500$
43a (1)

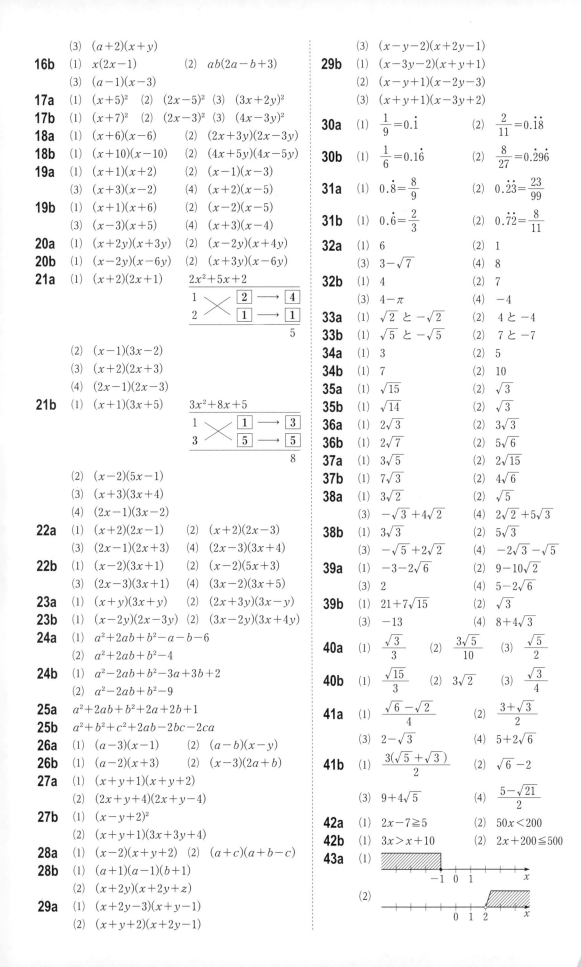

(2)

43b (1)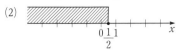

(2)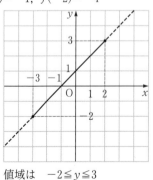

44a (1) $<$　　(2) $<$　　(3) $<$

(4) $<$　　(5) $>$　　(6) $>$

44b (1) $\geqq$　　(2) $\geqq$　　(3) $\geqq$

(4) $\geqq$　　(5) $\leqq$　　(6) $\leqq$

45a (1) $x>5$　　　　(2) $x\leqq-4$

45b (1) $x<7$　　　　(2) $x\geqq1$

46a (1) $x>4$　　　　(2) $x<-2$

46b (1) $x<-4$　　　(2) $x\geqq-4$

47a (1) $x<-3$　　　(2) $x>-1$

(3) $x\leqq4$　　　(4) $x\geqq2$

47b (1) $x>3$　　　　(2) $x\geqq1$

(3) $x>-\dfrac{4}{5}$　　(4) $x\leqq-5$

48a (1) $x<3$　　(2) $x<2$　　(3) $x\geqq-\dfrac{5}{2}$

48b (1) $x<8$　　(2) $x\leqq1$　　(3) $x>-\dfrac{1}{4}$

49a (1) $x>2$　　　　(2) $x\leqq-4$

49b (1) $x\geqq4$　　　(2) $x<9$

50a (1) $x\geqq-4$　　(2) $x<1$

50b (1) $x>5$　　　　(2) $x\geqq2$

51a 24個まで詰めることができる。

51b 11本まで買うことができる。

52a (1) $-8\leqq x<1$　　(2) $x\leqq-2$

52b (1) $-2<x\leqq3$　　(2) $x<2$

53a (1) $3\leqq x\leqq6$　　(2) $-5<x<-\dfrac{2}{3}$

53b (1) $-2<x<1$　　(2) $x\geqq-1$

54a $y=4+3x$　定義域は $0\leqq x\leqq5$

54b $y=18-2x$　定義域は $0\leqq x\leqq9$

55a $f(1)=-1,\ f(-2)=-7$

55b $f(1)=-1,\ f(-2)=-4$

56a (1)

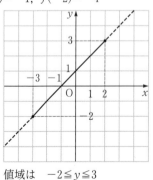

値域は　$-2\leqq y\leqq3$

(2)

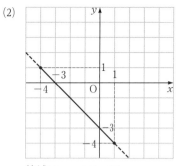

値域は　$-4\leqq y\leqq1$

56b (1)

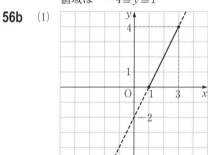

値域は　$0\leqq y\leqq4$

(2)

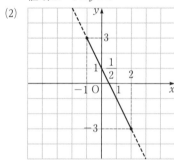

値域は　$-3\leqq y\leqq3$

57a

x	$\cdots$	-3	-2	-1	0	1	2	3	$\cdots$
$2x^2$	$\cdots$	18	8	2	0	2	8	18	$\cdots$

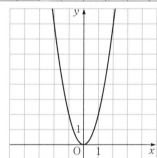

57b

x	$\cdots$	-3	-2	-1	0	1	2	3	$\cdots$
$-x^2$	$\cdots$	-9	-4	-1	0	-1	-4	-9	$\cdots$

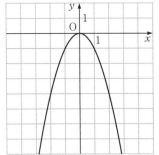

58a (ア) -2　(イ) 0　(ウ) -2

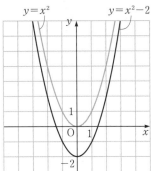

$y=x^2$　　　　$y=x^2-2$

58b (ア) 3　(イ) 0　(ウ) 3

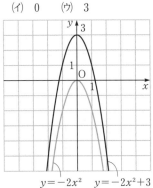

$y=-2x^2$　$y=-2x^2+3$

59a (1) (ア) 3　(イ) 3　(ウ) 3　(エ) 0

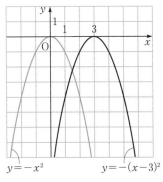

$y=-x^2$　　　$y=-(x-3)^2$

59b (2) (ア) -3　(イ) -3　(ウ) -3　(エ) 0

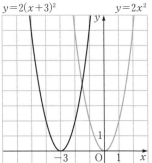

$y=2(x+3)^2$　　　　$y=2x^2$

59b (1) (ア) -1　(イ) -1　(ウ) -1　(エ) 0

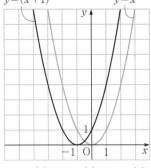

$y=(x+1)^2$　　　$y=x^2$

(2) (ア) 1　(イ) 1　(ウ) 1　(エ) 0

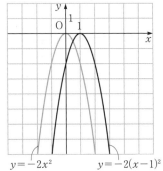

$y=-2x^2$　　　$y=-2(x-1)^2$

60a (1) x 軸方向に -3，
y 軸方向に 1
だけ平行移動したもの

(2) x 軸方向に 2，
y 軸方向に -4
だけ平行移動したもの

60b (1) x 軸方向に 1，
y 軸方向に 2
だけ平行移動したもの

(2) x 軸方向に -2，
y 軸方向に -1
だけ平行移動したもの

61a (1) (ア) -2　　(イ) 3　　(ウ) -2

　　　　(エ) -2　　(オ) 3

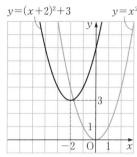

$y=(x+2)^2+3$　　　　$y=x^2$

　　(2) (ア) 2　　(イ) 4　　(ウ) 2

　　　　(エ) 2　　(オ) 4

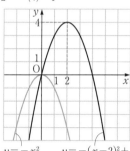

$y=-x^2$　　　$y=-(x-2)^2+4$

61b (1) (ア) -1　　(イ) -1　　(ウ) -1

　　　　(エ) -1　　(オ) -1

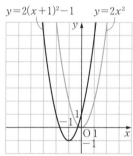

$y=2(x+1)^2-1$　　　$y=2x^2$

　　(2) (ア) 2　　(イ) -1　　(ウ) 2

　　　　(エ) 2　　(オ) -1

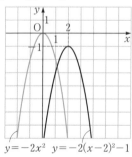

$y=-2x^2$　　$y=-2(x-2)^2-1$

62a　$y=2(x-3)^2-2$

62b　$y=-(x+1)^2+4$

63a (1) $y=(x-2)^2-4$　　(2) $y=(x+1)^2+5$

　　(3) $y=(x-3)^2-6$

63b (1) $y=(x+4)^2-16$　　(2) $y=(x+2)^2-6$

　　(3) $y=(x-4)^2-19$

64a (1) $y=\left(x+\dfrac{1}{2}\right)^2+\dfrac{3}{4}$

　　(2) $y=\left(x-\dfrac{3}{2}\right)^2-\dfrac{17}{4}$

64b (1) $y=\left(x+\dfrac{3}{2}\right)^2+\dfrac{11}{4}$

　　(2) $y=\left(x-\dfrac{5}{2}\right)^2-\dfrac{21}{4}$

65a (1) $y=2(x+3)^2-9$　　(2) $y=-(x+5)^2+15$

65b (1) $y=3(x-1)^2+2$　　(2) $y=-2(x-1)^2-1$

66a　軸は直線 $x=2$，頂点は点$(2,\ 1)$

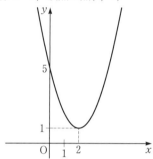

66b　軸は直線 $x=-1$，頂点は点$(-1,\ -7)$

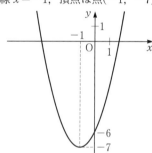

67a (1)　軸は直線 $x=1$，頂点は点$(1,\ 1)$

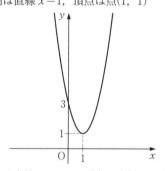

　　(2)　軸は直線 $x=-2$，頂点は点$(-2,\ 4)$

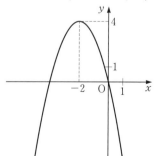

67b (1) 軸は直線 $x=-2$，頂点は点$(-2,\ -5)$

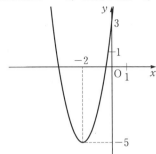

(2) 軸は直線 $x=1$，頂点は点$(1,\ 0)$

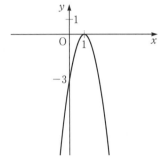

68a (1) $x=-1$ で最小値 -3 をとり，最大値はない。
(2) $x=2$ で最大値 4 をとり，最小値はない。

68b (1) $x=-3$ で最小値 0 をとり，最大値はない。
(2) $x=3$ で最大値 7 をとり，最小値はない。

69a (1) $x=-4$ で最小値 -19 をとり，最大値はない。
(2) $x=2$ で最小値 -9 をとり，最大値はない。
(3) $x=5$ で最大値 0 をとり，最小値はない。

69b (1) $x=2$ で最小値 5 をとり，最大値はない。
(2) $x=-2$ で最小値 -12 をとり，最大値はない。
(3) $x=-1$ で最大値 5 をとり，最小値はない。

70a (1) $x=-3$ で最大値 3，$x=-1$ で最小値 -1
(2) $x=1$ で最大値 3，$x=0$ で最小値 0
(3) $x=-2,\ 0$ で最大値 0，$x=-1$ で最小値 -1

70b (1) $x=1$ で最大値 3，$x=3$ で最小値 -1
(2) $x=0$ で最大値 2，$x=-1$ で最小値 -1
(3) $x=1$ で最大値 3，$x=-1,\ 3$ で最小値 -1

71a (1) $x=-2$ で最大値 6，$x=1$ で最小値 -3
(2) $x=0$ で最大値 1，$x=-1$ で最小値 -4

71b (1) $x=5$ で最大値 5，$x=3$ で最小値 -3
(2) $x=-1$ で最大値 5，$x=1$ で最小値 -3

72a $y=x^2-4x+7$
72b $y=-2x^2-4x-4$
73a $y=x^2-2x+3$
73b $y=-x^2-4x-1$
74a (1) $y=x^2+2x-3$ (2) $y=2x^2-3x+3$
74b (1) $y=x^2-2x+1$ (2) $y=-3x^2-2x+5$
75a (1) $x=3,\ 4$ (2) $x=0,\ -1$
(3) $x=-3,\ 3$

75b (1) $x=-3,\ -5$ (2) $x=0,\ \dfrac{3}{2}$
(3) $x=-3$

76a (1) $x=-3,\ -\dfrac{1}{2}$ (2) $x=2,\ -\dfrac{1}{4}$

76b (1) $x=-2,\ \dfrac{2}{3}$ (2) $x=\dfrac{3}{2},\ \dfrac{1}{4}$

77a (1) $x=\dfrac{-3\pm\sqrt{17}}{4}$ (2) $x=\dfrac{3\pm\sqrt{13}}{2}$

77b (1) $x=\dfrac{-5\pm\sqrt{17}}{4}$ (2) $x=\dfrac{9\pm\sqrt{21}}{6}$

78a (1) $x=-4\pm\sqrt{11}$ (2) $x=\dfrac{3\pm\sqrt{3}}{2}$

78b (1) $x=2\pm\sqrt{3}$ (2) $x=\dfrac{1\pm\sqrt{19}}{3}$

79a (1) 2 個 (2) 0 個 (3) 1 個
79b (1) 1 個 (2) 2 個 (3) 0 個
80a (1) $m\leqq9$ (2) $m=9$ (3) $m>9$
80b (1) $m\leqq\dfrac{1}{8}$ (2) $m=\dfrac{1}{8}$ (3) $m>\dfrac{1}{8}$
81a (1) $x=-2,\ -3$ (2) $x=-3$
(3) $x=\dfrac{7\pm\sqrt{17}}{4}$

81b (1) $x=1,\ 5$ (2) $x=\dfrac{1}{2}$
(3) $x=2\pm\sqrt{2}$

82a (1) 2 個 (2) 0 個 (3) 1 個
82b (1) 1 個 (2) 0 個 (3) 2 個
83a $m<4$
83b $m<2$
84a $m=-\dfrac{9}{4}$
84b $m=0,\ 8$
85a (1) $x<1,\ 2<x$ (2) $-3<x<4$
(3) $x\leqq3,\ 4\leqq x$
85b (1) $-6<x<1$ (2) $x\leqq-1,\ 2\leqq x$
(3) $x<0,\ 5<x$
86a (1) $x<-\dfrac{5}{2},\ -1<x$

(2) $-\dfrac{1}{4}<x<1$

86b (1) $-\dfrac{7}{3}\leqq x\leqq1$ (2) $x<-\dfrac{2}{3},\ \dfrac{1}{2}<x$

87a (1) $x<\dfrac{5-\sqrt{13}}{2},\ \dfrac{5+\sqrt{13}}{2}<x$

(2) $1-\sqrt{2}\leqq x\leqq1+\sqrt{2}$

87b (1) $\dfrac{1-\sqrt{13}}{2}<x<\dfrac{1+\sqrt{13}}{2}$

(2) $x<\dfrac{-2-\sqrt{2}}{2},\ \dfrac{-2+\sqrt{2}}{2}<x$

88a (1) $-7\leqq x\leqq2$ (2) $-\dfrac{1}{2}<x<1$

88b (1) $x<-3,\ 5<x$

(2) $x\leqq\dfrac{-1-\sqrt{3}}{2},\ \dfrac{-1+\sqrt{3}}{2}\leqq x$

89a (1) -3 以外のすべての実数

(2) 解はない

89b (1) すべての実数 (2) $x=-2$

90a (1) すべての実数 (2) 解はない

90b (1) すべての実数 (2) 解はない

91a (1) $\sin A=\dfrac{12}{13},\ \cos A=\dfrac{5}{13},\ \tan A=\dfrac{12}{5}$

(2) $\sin A=\dfrac{4}{5},\ \cos A=\dfrac{3}{5},\ \tan A=\dfrac{4}{3}$

91b (1) $\sin A=\dfrac{1}{\sqrt{5}},\ \cos A=\dfrac{2}{\sqrt{5}},\ \tan A=\dfrac{1}{2}$

(2) $\sin A=\dfrac{15}{17},\ \cos A=\dfrac{8}{17},\ \tan A=\dfrac{15}{8}$

92a (1) $\sin A=\dfrac{3}{5},\ \cos A=\dfrac{4}{5},\ \tan A=\dfrac{3}{4}$

(2) $\sin A=\dfrac{1}{\sqrt{5}},\ \cos A=\dfrac{2}{\sqrt{5}},\ \tan A=\dfrac{1}{2}$

(3) $\sin A=\dfrac{2}{5},\ \cos A=\dfrac{\sqrt{21}}{5},\ \tan A=\dfrac{2}{\sqrt{21}}$

92b (1) $\sin A=\dfrac{2}{\sqrt{13}},\ \cos A=\dfrac{3}{\sqrt{13}},\ \tan A=\dfrac{2}{3}$

(2) $\sin A=\dfrac{2}{\sqrt{29}},\ \cos A=\dfrac{5}{\sqrt{29}},\ \tan A=\dfrac{2}{5}$

(3) $\sin A=\dfrac{\sqrt{3}}{2},\ \cos A=\dfrac{1}{2},\ \tan A=\sqrt{3}$

93a

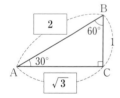

$\sin 30°=\dfrac{1}{2},\ \sin 60°=\dfrac{\sqrt{3}}{2},\ \sin 45°=\dfrac{1}{\sqrt{2}}$

93b

A	30°	45°	60°
$\sin A$	$\dfrac{1}{2}$	$\dfrac{1}{\sqrt{2}}$	$\dfrac{\sqrt{3}}{2}$
$\cos A$	$\dfrac{\sqrt{3}}{2}$	$\dfrac{1}{\sqrt{2}}$	$\dfrac{1}{2}$
$\tan A$	$\dfrac{1}{\sqrt{3}}$	1	$\sqrt{3}$

94a (1) 0.5446 (2) 0.9903 (3) 3.0777

94b (1) 0.7660 (2) 0.1564 (3) 0.2679

95a (1) $A=10°$ (2) $A=61°$ (3) $A=87°$

95b (1) $A=84°$ (2) $A=6°$ (3) $A=44°$

96a (1) $A\fallingdotseq 53°$ (2) $A\fallingdotseq 14°$

96b (1) $A\fallingdotseq 77°$ (2) $A\fallingdotseq 68°$

97a $BC=5\sqrt{2},\ AC=5\sqrt{2}$

97b $BC=2,\ AC=2\sqrt{3}$

98a $2\sqrt{3}$

98b $5\sqrt{3}$

99a BC は 342m, AC は 940m

99b BC は 4.5m, AC は 8.9m

100a 8.4m

100b 73m

101a $\cos A=\dfrac{4}{5},\ \tan A=\dfrac{3}{4}$

101b $\sin A=\dfrac{\sqrt{5}}{3},\ \tan A=\dfrac{\sqrt{5}}{2}$

102a $\sin A=\dfrac{4}{\sqrt{17}},\ \cos A=\dfrac{1}{\sqrt{17}}$

102b $\sin A=\dfrac{1}{\sqrt{5}},\ \cos A=\dfrac{2}{\sqrt{5}}$

103a (1) $\cos 5°$ (2) $\sin 20°$ (3) $\dfrac{1}{\tan 15°}$

103b (1) $\cos 40°$ (2) $\sin 35°$ (3) $\dfrac{1}{\tan 10°}$

104a

θ	0°	30°	45°	60°	90°
$\sin\theta$	0	$\dfrac{1}{2}$	$\dfrac{1}{\sqrt{2}}$	$\dfrac{\sqrt{3}}{2}$	1
$\cos\theta$	1	$\dfrac{\sqrt{3}}{2}$	$\dfrac{1}{\sqrt{2}}$	$\dfrac{1}{2}$	0
$\tan\theta$	0	$\dfrac{1}{\sqrt{3}}$	1	$\sqrt{3}$	

θ	120°	135°	150°	180°
$\sin\theta$	$\dfrac{\sqrt{3}}{2}$	$\dfrac{1}{\sqrt{2}}$	$\dfrac{1}{2}$	0
$\cos\theta$	$-\dfrac{1}{2}$	$-\dfrac{1}{\sqrt{2}}$	$-\dfrac{\sqrt{3}}{2}$	-1
$\tan\theta$	$-\sqrt{3}$	-1	$-\dfrac{1}{\sqrt{3}}$	0

104b

θ	0°	鋭角	90°	鈍角	180°
$\sin\theta$	0	+	1	+	0
$\cos\theta$	1	+	0	−	-1
$\tan\theta$	0	+		−	0

105a (1) 0.5736 (2) -0.9397

(3) -2.7475

105b (1) 0.9659 (2) -0.9063

(3) -0.1763

106a $\sin\theta=\dfrac{\sqrt{15}}{4},\ \tan\theta=-\sqrt{15}$

106b $\cos\theta=-\dfrac{2\sqrt{2}}{3},\ \tan\theta=-\dfrac{1}{2\sqrt{2}}$

107a (1) $\theta=60°,\ 120°$ (2) $\theta=0°,\ 180°$

107b (1) $\theta=45°,\ 135°$ (2) $\theta=90°$

108a (1) $\theta=45°$ (2) $\theta=120°$

108b (1) $\theta=150°$ (2) $\theta=180°$

109a (1) $\theta=30°$ (2) $\theta=150°$

109b (1) $\theta=60°$ (2) $\theta=135°$

110a (1) $R=5$ (2) $R=1$

110b (1) $R=\sqrt{3}$　　　(2) $R=1$

111a (1) $a=\sqrt{2}$　　　(2) $c=2\sqrt{6}$

　　　(3) $b=\dfrac{2\sqrt{3}}{3}$

111b (1) $c=2$　　　(2) $c=2\sqrt{6}$

　　　(3) $a=\dfrac{\sqrt{6}}{2}$

112a (1) $a=2\sqrt{3}$　　　(2) $b=\sqrt{17}$

112b (1) $b=\sqrt{13}$　　　(2) $c=\sqrt{19}$

113a (1) $A=60°$　　　(2) $B=30°$

　　　(3) $C=150°$

113b (1) $A=120°$　　　(2) $B=45°$

　　　(3) $C=135°$

114a (1) $\dfrac{5\sqrt{3}}{2}$　(2) $\dfrac{3}{4}$　(3) $5\sqrt{2}$

114b (1) 3　(2) $3\sqrt{3}$　(3) $\dfrac{1}{2}$

115a (1) $\dfrac{7}{8}$　(2) $\dfrac{\sqrt{15}}{8}$　(3) $\dfrac{3\sqrt{15}}{4}$

115b (1) $\dfrac{1}{4}$　(2) $\dfrac{\sqrt{15}}{4}$　(3) $\dfrac{21\sqrt{15}}{4}$

116a (1) $A=\{1,\ 3,\ 5,\ 7,\ 9\}$

　　　(2) $B=\{4,\ 8,\ 12,\ 16,\ 20,\ 24,\ 28\}$

116b (1) $A=\{1,\ 2,\ 4,\ 7,\ 14,\ 28\}$

　　　(2) $B=\{-3,\ 3\}$

117a $P\subset A,\ Q\subset A$

117b $Q\subset A$

118a (1) $A\cap B=\{2,\ 4\}$,

　　　　$A\cup B=\{1,\ 2,\ 3,\ 4,\ 5,\ 6\}$

　　　(2) $A\cap B=\{2,\ 4,\ 6\}$,

　　　　$A\cup B=\{1,\ 2,\ 3,\ 4,\ 6,\ 8,\ 12\}$

118b (1) $A\cap B=\varnothing$,

　　　　$A\cup B=\{1,\ 3,\ 5,\ 6,\ 7,\ 9,\ 12,\ 15\}$

　　　(2) $A\cap B=\{1,\ 2,\ 5,\ 10\}$,

　　　　$A\cup B=\{1,\ 2,\ 3,\ 4,\ 5,\ 6,$

　　　　　　　　　　$10,\ 15,\ 20,\ 30\}$

119a (1) $\overline{A}=\{3,\ 5,\ 6,\ 9\}$

　　　(2) $\overline{B}=\{1,\ 5,\ 6,\ 7,\ 9\}$

　　　(3) $\overline{A\cup B}=\{5,\ 6,\ 9\}$

119b (1) $\overline{A}=\{1,\ 3,\ 5,\ 7,\ 9,\ 11,\ 13,\ 15\}$

　　　(2) $\overline{B}=\{1,\ 2,\ 4,\ 5,\ 7,\ 8,\ 10,\ 11,\ 13,\ 14\}$

　　　(3) $\overline{A\cap B}=\{1,\ 2,\ 3,\ 4,\ 5,\ 7,\ 8,\ 9,\ 10,$

　　　　　　　　　　$11,\ 13,\ 14,\ 15\}$

120a (1) 真である。

　　　(2) 偽である。反例は $x=0$

　　　(3) 偽である。反例は $x=-1$

120b (1) 偽である。反例は $x=2$

　　　(2) 真である。

　　　(3) 偽である。反例は $a=-2,\ b=1$

121a (1) 偽である。反例は $x=3$

　　　(2) 真である。

　　　(3) 真である。

121b (1) 偽である。反例は $x=2$

　　　(2) 真である。

　　　(3) 偽である。反例は $n=4$

122a (ア) 十分　　(イ) 必要

122b (ア) 必要　　(イ) 十分

123a (1) 必要　　　　(2) 必要十分

　　　(3) 十分　　　　(4) 十分

123b (1) 十分　　　　(2) 必要

　　　(3) 必要十分　　(4) 必要

124a (1) $x\leqq7$　　　(2) $x>-2$

　　　(3) $x\neq-1$

124b (1) $x\geqq-5$　　　(2) $x<0$

　　　(3) $x=3$

125a (1) $x>0$ または $y>0$

　　　(2) $x\leqq1$ かつ $y\leqq-2$

125b (1) $x\neq-2$ かつ $y\neq-5$

　　　(2) $x<-1$ または $y\geqq3$

126a 逆は「$x>1\implies x>3$」であり，これは偽である。反例は $x=2$

裏は「$x\leqq3\implies x\leqq1$」であり，これは偽である。反例は $x=2$

対偶は「$x\leqq1\implies x\leqq3$」であり，これは真である。

126b 逆は「$x<1\implies x\leqq4$」であり，これは真である。

裏は「$x>4\implies x\geqq1$」であり，これは真である。

対偶は「$x\geqq1\implies x>4$」であり，これは偽である。反例は $x=2$

127a この命題の対偶「n が偶数ならば，n^3 は偶数である。」を証明する。

n が偶数ならば，n は自然数 k を用いて
$$n=2k$$
と表すことができる。このとき
$$n^3=(2k)^3=8k^3=2(4k^3)$$
$4k^3$ は自然数であるから n^3 は偶数である。

対偶が真であるから，もとの命題も真である。

127b この命題の対偶「n が奇数ならば，n^2-1 は偶数である。」を証明する。

n が奇数ならば，n は 0 以上の整数 k を用いて
$$n=2k+1$$
と表すことができる。このとき
$$n^2-1=(2k+1)^2-1=4k^2+4k$$
$$=2(2k^2+2k)$$
$2k^2+2k$ は整数であるから，n^2-1 は偶数である。

対偶が真であるから，もとの命題も真である。

128a $\sqrt{2}+1$ が無理数でないと仮定すると，$\sqrt{2}+1$ は有理数であるから，有理数 a を用いて

$$\sqrt{2}+1=a$$

と表すことができる。

これを変形すると　$\sqrt{2}=a-1$

a は有理数であるから，右辺の $a-1$ は有理数である。これは左辺の $\sqrt{2}$ が無理数であることに矛盾する。

したがって，$\sqrt{2}+1$ は無理数である。

128b $2\sqrt{3}$ が無理数でないと仮定すると，$2\sqrt{3}$ は有理数であるから，有理数 a を用いて

$$2\sqrt{3}=a$$

と表すことができる。

これを変形すると　$\sqrt{3}=\dfrac{a}{2}$

a は有理数であるから，右辺の $\dfrac{a}{2}$ は有理数である。これは左辺の $\sqrt{3}$ が無理数であることに矛盾する。

したがって，$2\sqrt{3}$ は無理数である。

129a (1)　5点　　(2)　4点　　(3)　4点

129b (1)　5点　　(2)　7点　　(3)　5点

130a (1)

階級 (m)	階級値 x (m)	度数 f (人)	xf
9以上～11未満	10	2	20
11　～13	12	1	12
13　～15	14	5	70
15　～17	16	8	128
17　～19	18	3	54
19　～21	20	1	20
合計		20	304

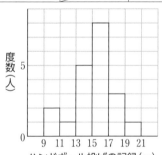

ハンドボール投げの記録 (m)

(2)　平均値は 15.2m，最頻値は 16m

130b (1)

階級 (回)	階級値 x (回)	度数 f (人)	xf
36以上～40未満	38	1	38
40　～44	42	1	42
44　～48	46	4	184
48　～52	50	7	350
52　～56	54	5	270
56　～60	58	2	116
合計		20	1000

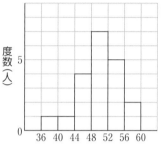

反復横跳びの記録 (回)

(2)　平均値は50回，最頻値は50回

131a (1)　4　　　　(2)　19

131b (1)　5　　　　(2)　44

132a (1)　$Q_1=2$，$Q_2=3$，$Q_3=4$

(2)　$Q_1=3$，$Q_2=6$，$Q_3=10$

132b (1)　$Q_1=3$，$Q_2=8$，$Q_3=9$

(2)　$Q_1=2$，$Q_2=3$，$Q_3=9$

133a (1)　四分位範囲は18，四分位偏差は 9

(2)　四分位範囲は20，四分位偏差は10

133b (1)　四分位範囲は44，四分位偏差は22

(2)　四分位範囲は 6，四分位偏差は 3

134a

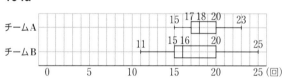

チームAの方が散らばり具合が小さいといえる。

134b

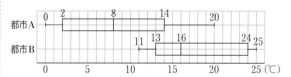

都市Bの方が散らばり具合が小さいといえる。

135a　外れ値は18

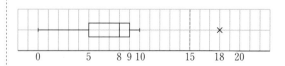

135b 外れ値は 4 と21

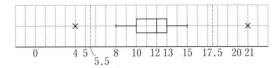

0　4 5　8　10 12 13　15　17.5　20 21
5.5

136a (1) 4
 (2) -3, -1, 0, 1, 3
 (3) (2)より
$$-3-1+0+1+3=0$$
であるから，偏差の合計は 0 である。

136b (1) 19分
 (2) -9, -3, -1, 5, 8(分)
 (3) (2)より
$$-9-3-1+5+8=0$$
であるから，偏差の合計は 0 である。

137a $s^2=4$, $s=2$(点)
137b $s^2=9$, $s=3$(回)
138a (1)

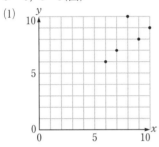

 (2) 偏差の積は　4
であり，符号は正である。
 (3) ①

138b (1)

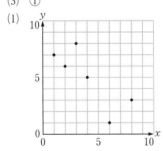

 (2) 偏差の積は　-3
であり，符号は負である。
 (3) ②

139a

生徒	x	y	$x-\overline{x}$	$y-\overline{y}$	$(x-\overline{x})^2$	$(y-\overline{y})^2$	$(x-\overline{x})(y-\overline{y})$
A	6	6	-2	-2	4	4	4
B	8	10	0	2	0	4	0
C	7	7	-1	-1	1	1	1
D	10	9	2	1	4	1	2
E	9	8	1	0	1	0	0
合計	40	40	0	0	10	10	7

相関係数は　0.7

139b

生徒	x	y	$x-\overline{x}$	$y-\overline{y}$	$(x-\overline{x})^2$	$(y-\overline{y})^2$	$(x-\overline{x})(y-\overline{y})$
A	3	8	-1	3	1	9	-3
B	4	5	0	0	0	0	0
C	1	7	-3	2	9	4	-6
D	2	6	-2	1	4	1	-2
E	6	1	2	-4	4	16	-8
F	8	3	4	-2	16	4	-8
合計	24	30	0	0	34	34	-27

相関係数は　-0.79

● 補充問題

1 (1) x^2+4x+4 (2) $x^2+10xy+25y^2$
 (3) $16x^2-8x+1$ (4) $9x^2-12xy+4y^2$
 (5) x^2-4 (6) $4x^2-9y^2$

2 (1) $x^2-2x-24$ (2) $x^2+xy-12y^2$
 (3) $6x^2+5x-4$ (4) $2x^2-7x+6$
 (5) $3x^2+7xy+2y^2$ (6) $12x^2-xy-6y^2$

3 (1) $3x(2x-3y)$ (2) $(a-b)(x-1)$
 (3) $(3x-2)^2$ (4) $(4x+y)^2$
 (5) $(2x+1)(2x-1)$ (6) $(3x+5y)(3x-5y)$
 (7) $(x+1)(x+7)$ (8) $(x-2)(x-9)$
 (9) $(x+6)(x-2)$ (10) $(x+4)(x-5)$
 (11) $(x+y)(x+3y)$ (12) $(x+y)(x-10y)$

4 (1) $(x+2)(5x+1)$ (2) $(x+2)(3x+4)$
 (3) $(x-1)(2x-5)$ (4) $(x-3)(2x-3)$
 (5) $(x+1)(2x-1)$ (6) $(2x+3)(3x-2)$
 (7) $(x-2)(3x+2)$ (8) $(x-4)(2x+3)$
 (9) $(x+y)(3x+2y)$ (10) $(2x-y)(3x-y)$
 (11) $(x+6y)(2x-y)$ (12) $(x-2y)(5x+2y)$

5 (1) $2\sqrt{2}$ (2) $\sqrt{5}+5\sqrt{2}$
 (3) $7+\sqrt{15}$ (4) $6-5\sqrt{2}$
 (5) 3 (6) $12-2\sqrt{35}$

6 (1) $\dfrac{\sqrt{6}}{2}$ (2) $\dfrac{3\sqrt{2}}{2}$

 (3) $2-\sqrt{3}$ (4) $\dfrac{7+2\sqrt{10}}{3}$

7 (1) $x>1$ (2) $x\geqq1$ (3) $x<-3$

 (4) $x\geqq-1$ (5) $x\geqq\dfrac{2}{5}$ (6) $x<-2$

 (7) $x\geqq2$ (8) $x<-\dfrac{4}{3}$ (9) $x<7$

 (10) $x\geqq\dfrac{1}{10}$

8 (1) $y=(x-2)^2+1$ (2) $y=(x+3)^2-5$

 (3) $y=\left(x+\dfrac{1}{2}\right)^2-\dfrac{13}{4}$ (4) $y=\left(x-\dfrac{3}{2}\right)^2-\dfrac{1}{4}$

 (5) $y=2(x+1)^2+3$ (6) $y=3(x-2)^2-16$

 (7) $y=-(x-2)^2+6$ (8) $y=-2(x+3)^2+19$

9 (1) $x=-2, \ -5$ 　　(2) $x=-3, \ 7$

(3) $x=0, \ -\dfrac{1}{2}$ 　　(4) $x=1$

(5) $x=-\dfrac{1}{3}, \ 1$ 　　(6) $x=\dfrac{1}{2}, \ -\dfrac{2}{3}$

(7) $x=\dfrac{-3\pm\sqrt{5}}{2}$ 　　(8) $x=\dfrac{1\pm\sqrt{33}}{4}$

(9) $x=2\pm\sqrt{10}$ 　　(10) $x=\dfrac{-3\pm\sqrt{15}}{3}$

10 (1) $-4<x<2$ 　　(2) $x\leqq-5, \ -1\leqq x$

(3) $-3\leqq x\leqq0$ 　　(4) $x<-2, \ 2<x$

(5) $x\leqq-\dfrac{3}{2}, \ 2\leqq x$

(6) $\dfrac{5-\sqrt{13}}{6}<x<\dfrac{5+\sqrt{13}}{6}$

11 (1) 2以外のすべての実数

(2) $x=-4$

(3) すべての実数

(4) 解はない

120

ネオパル数学 Ⅰ

2022年1月10日　初版　　第1刷発行

編　者　第一学習社編集部

発行者　松　本　洋　介

発行所　株式会社　第一学習社

東京：東京都千代田区二番町5番5号　〒102-0084　☎03-5276-2700
大阪：吹 田 市 広 芝 町 8 番 24 号　〒564-0052　☎06-6380-1391
広島：広島市西区横川新町7番14号　〒733-8521　☎082-234-6800

札　　幌☎011-811-1848　　　仙台☎022-271-5313　　　新潟☎025-290-6077
つくば☎029-853-1080　　　東京☎03-5803-2131　　　横浜☎045-953-6191
名古屋☎052-769-1339　　　神戸☎078-937-0255　　　広島☎082-222-8565
福　　岡☎092-771-1651

訂正情報配信サイト 26835-01
❶利用については，先生の指示にしたがってください。
❷利用に際しては，一般に，通信料が発生します。

https://dg-w.jp/f/ad050

書籍コード　26835-01

＊落丁，乱丁本はおとりかえいたします。
　解答は個人のお求めには応じられません。

ISBN978-4-8040-2683-1　　　　　　ホームページ　http://www.daiichi-g.co.jp/

平方・立方・平方根の表

n	n^2	n^3	$\sqrt{n}$	$\sqrt{10n}$	n	n^2	n^3	$\sqrt{n}$	$\sqrt{10n}$
1	1	1	1.0000	3.1623	51	2601	132651	7.1414	22.5832
2	4	8	1.4142	4.4721	52	2704	140608	7.2111	22.8035
3	9	27	1.7321	5.4772	53	2809	148877	7.2801	23.0217
4	16	64	2.0000	6.3246	54	2916	157464	7.3485	23.2379
5	25	125	2.2361	7.0711	55	3025	166375	7.4162	23.4521
6	36	216	2.4495	7.7460	56	3136	175616	7.4833	23.6643
7	49	343	2.6458	8.3666	57	3249	185193	7.5498	23.8747
8	64	512	2.8284	8.9443	58	3364	195112	7.6158	24.0832
9	81	729	3.0000	9.4868	59	3481	205379	7.6811	24.2899
10	100	1000	3.1623	10.0000	60	3600	216000	7.7460	24.4949
11	121	1331	3.3166	10.4881	61	3721	226981	7.8102	24.6982
12	144	1728	3.4641	10.9545	62	3844	238328	7.8740	24.8998
13	169	2197	3.6056	11.4018	63	3969	250047	7.9373	25.0998
14	196	2744	3.7417	11.8322	64	4096	262144	8.0000	25.2982
15	225	3375	3.8730	12.2474	65	4225	274625	8.0623	25.4951
16	256	4096	4.0000	12.6491	66	4356	287496	8.1240	25.6905
17	289	4913	4.1231	13.0384	67	4489	300763	8.1854	25.8844
18	324	5832	4.2426	13.4164	68	4624	314432	8.2462	26.0768
19	361	6859	4.3589	13.7840	69	4761	328509	8.3066	26.2679
20	400	8000	4.4721	14.1421	70	4900	343000	8.3666	26.4575
21	441	9261	4.5826	14.4914	71	5041	357911	8.4261	26.6458
22	484	10648	4.6904	14.8324	72	5184	373248	8.4853	26.8328
23	529	12167	4.7958	15.1658	73	5329	389017	8.5440	27.0185
24	576	13824	4.8990	15.4919	74	5476	405224	8.6023	27.2029
25	625	15625	5.0000	15.8114	75	5625	421875	8.6603	27.3861
26	676	17576	5.0990	16.1245	76	5776	438976	8.7178	27.5681
27	729	19683	5.1962	16.4317	77	5929	456533	8.7750	27.7489
28	784	21952	5.2915	16.7332	78	6084	474552	8.8318	27.9285
29	841	24389	5.3852	17.0294	79	6241	493039	8.8882	28.1069
30	900	27000	5.4772	17.3205	80	6400	512000	8.9443	28.2843
31	961	29791	5.5678	17.6068	81	6561	531441	9.0000	28.4605
32	1024	32768	5.6569	17.8885	82	6724	551368	9.0554	28.6356
33	1089	35937	5.7446	18.1659	83	6889	571787	9.1104	28.8097
34	1156	39304	5.8310	18.4391	84	7056	592704	9.1652	28.9828
35	1225	42875	5.9161	18.7083	85	7225	614125	9.2195	29.1548
36	1296	46656	6.0000	18.9737	86	7396	636056	9.2736	29.3258
37	1369	50653	6.0828	19.2354	87	7569	658503	9.3274	29.4958
38	1444	54872	6.1644	19.4936	88	7744	681472	9.3808	29.6648
39	1521	59319	6.2450	19.7484	89	7921	704969	9.4340	29.8329
40	1600	64000	6.3246	20.0000	90	8100	729000	9.4868	30.0000
41	1681	68921	6.4031	20.2485	91	8281	753571	9.5394	30.1662
42	1764	74088	6.4807	20.4939	92	8464	778688	9.5917	30.3315
43	1849	79507	6.5574	20.7364	93	8649	804357	9.6437	30.4959
44	1936	85184	6.6332	20.9762	94	8836	830584	9.6954	30.6594
45	2025	91125	6.7082	21.2132	95	9025	857375	9.7468	30.8221
46	2116	97336	6.7823	21.4476	96	9216	884736	9.7980	30.9839
47	2209	103823	6.8557	21.6795	97	9409	912673	9.8489	31.1448
48	2304	110592	6.9282	21.9089	98	9604	941192	9.8995	31.3050
49	2401	117649	7.0000	22.1359	99	9801	970299	9.9499	31.4643
50	2500	125000	7.0711	22.3607	100	10000	1000000	10.0000	31.6228